贵州黔北页岩气赋存机制

李希建　著

科学出版社

北京

内 容 简 介

本书系统地介绍了在黔北页岩气赋存方面取得的研究成果。全书共分为六章,主要内容包括贵州黔北页岩气储集特征及保存条件、贵州黔北页岩气吸附特性、基于分子模拟的页岩气吸附与解吸数值模拟、基于水力压裂的页岩结构演变机理、页岩气水力压裂开采的水锁效应、贵州黔北页岩气组分及有利区评价。

本书适合从事页岩气领域的决策者、科研人员、工程技术人员、高等学校教师、研究生和本科高年级学生阅读参考。

图书在版编目(CIP)数据

贵州黔北页岩气赋存机制/李希建著. — 北京:科学出版社,2020.12
ISBN 978-7-03-064680-4

Ⅰ.①贵… Ⅱ.①李… Ⅲ.①油页岩-储集层-研究-贵州 Ⅳ.①P618.130.2

中国版本图书馆 CIP 数据核字 (2020) 第 041670 号

责任编辑:孟 锐 / 责任校对:彭 映
责任印制:罗 科 / 封面设计:墨创文化

科 学 出 版 社 出版
北京东黄城根北街16号
邮政编码:100717
http://www.sciencep.com
成都锦瑞印刷有限责任公司 印刷
科学出版社发行 各地新华书店经销
*
2020 年 12 月第 一 版 开本:787×1092 1/16
2020 年 12 月第一次印刷 印张:12
字数:281 000
定价:98.00 元
(如有印装质量问题,我社负责调换)

前　言

页岩气作为非常规清洁能源受到国家的重视，贵州省页岩气资源丰富，页岩气开发与利用将成为新的经济增长点，也是保障油气能源供给的重要举措。贵州黔北地区是贵州省重要的页岩气赋存地区，也是国家重要的勘探开发区，具有良好的页岩气资源开发前景。

页岩气吸附量占比大而游离量小，开采的关键工艺之一是促解吸，认识高温高压下页岩气的吸附与解吸特性是页岩气开采中的重大科学问题。页岩气赋存有共性，不同地区、不同储层也有异性，勘探开发不同储层的页岩气首先是掌握其赋存机制，从而提出针对性的开发方案，因此研究页岩气的赋存机制具有重要的理论意义与工程价值。

本书是贵州省重大应用基础研究项目的主要研究成果，系统地介绍了项目在黔北页岩气赋存方面取得的研究成果。全书共分六章，内容包括：贵州黔北页岩气储集特征及保存条件；贵州黔北页岩气吸附特性；基于分子模拟的页岩气吸附与解吸数值模拟；基于水力压裂的页岩结构演变机理；页岩气水力压裂开采的水锁效应；贵州黔北页岩气组分及有利区评价。

通过测试样品的物性参数，包括有机碳含量、孔隙结构特征等，分析了页岩分布层位、构造特征、沉积环境及生气条件、储集空间特征等，探讨了贵州区域页岩气保存条件。分析了页岩气主要成分甲烷在页岩中的吸附特性，提出了描述低压阶段甲烷气体在页岩表面吸附行为的最优吸附模型，总结了高压阶段甲烷气体在页岩表面的吸附规律，发现了页岩对甲烷的等温吸附曲线形态存在明显的极值点，高压阶段存在"负吸附"现象。开发了针对页岩吸附与解吸的蒙特卡罗法分子模拟 MFC 程序，模拟了不同温度下页岩对甲烷的吸附与解吸特性，验证了采用分子模拟技术研究页岩吸附与解吸特性的可行性。通过酸化水力压裂实验发现，酸化压裂后页岩孔裂隙明显增大、连通性明显增强、解吸能力增大。评价了黔北地区页岩气的水锁效应，结合物性实验采取不同比例的处理剂进行单因素处理后确定了压裂液，选用了渗透率和可流动水含量作为评价指标进行水锁效应恢复程度评价。采用因子分析法分析了影响页岩气富集的主控因素，从生成条件、储集条件和保存条件分析了黔北地区页岩气的富集情况，系统地研究了黔北地区页岩气的富集条件，评价了黔北页岩气勘探开发有利区。

本书是在贵州省重大应用基础研究项目(黔科合 JZ 字〔2014〕2005)、国家自然科学基金资助项目(51874107)、贵州省科技计划资助项目(黔科合平台人才〔2018〕5781 号)的资助下完成的，在此，特表示衷心的感谢！

本书在撰写过程中得到了贵州省煤田地质局、贵州天然气能源投资股份有限公司、贵州省非常规天然气勘探开发利用工程中心有限公司、贵州省煤层气页岩气工程技术研究中心等单位提供的帮助。感谢沈仲辉、李维维、黄海帆、张培、尹鑫、刘尚平等对本书提供的帮助。

由于作者水平和经验有限，书中难免有不足之处，敬请广大读者批评指正！

作　者
2020 年 12 月于贵阳

目　　录

第1章 贵州黔北页岩气储集特征及保存条件

1.1 黔北区域地质构造

1.1.1 区域地质构造演化史

1. 黔北地质概况

黔北地区主要包括遵义断裂以东、贵阳—镇远断裂以北，属黔中隆起北端，有下志留系龙马溪组、下寒武系牛蹄塘组等地层，岩性主要为黑色页岩(图 1.1)。研究区域处于四川盆地，四川盆地是我国三大克拉通盆地之一，古老的震旦系至中新生界白垩系红色地层都具备良好的富集条件。其主要特点是早期沉降、晚期隆升、沉降期长、隆升期短并且长期发育、不断演进海陆相复杂叠合。扬子地台的演化过程先后主要有雪峰运动时期(Z)→早—中加里东时期(Є-O)→晚加里东时期(S)→海西期(D-C)→印支期→燕山期→喜马拉雅期。因多期构造运动的重复叠加，导致了扬子地台具有复杂的构造形态。而黔北地区在大地构造上处于上扬子地台区，二者在地质构造演化上含有一定的连通性，因此，黔北地区也具有了扬子地台复杂的构造格局。

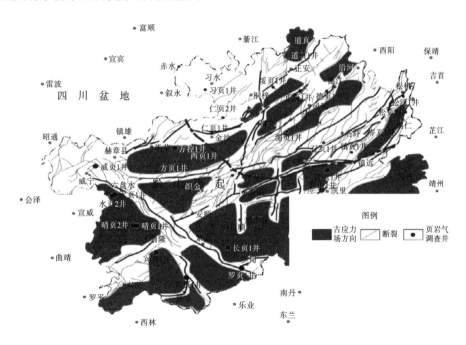

图 1.1 黔北地区位置图

黔北区域地层包括寒武系—二叠系，是南华系裂陷盆地沉积的延伸上，地层发育整体上完整。据研究分析，震旦系—寒武系地层可分为东、西两个分区，震旦系—寒武系地层东、西两个分区大致沿龙里—黄平浪洞—石阡本庄—沿河甘溪一线为界(图1.2)。

西部相区主要包括遵义市大部地区，上震旦统、中上寒武统发育大套白云岩，震旦统、下寒武统碎屑岩属浅海陆架-潮坪相带，总体具浅水特征。东部相区，主要包括铜仁市、凯里市及都匀市部分地区。震旦系—寒武系发育细碎屑岩、泥页岩及硅质岩，中上寒武统白云岩属台缘斜坡相带，总体具深水特征。

黔北地层发育较为完整、具有连续的海相地层层序和古生物化石类型多的特征，且地层由中期时期的海相碳酸盐岩夹碎屑沉积岩到晚期大都以陆相碎屑岩沉积地层为主，对黔北地区相关研究区域的沉积地层概述如下。

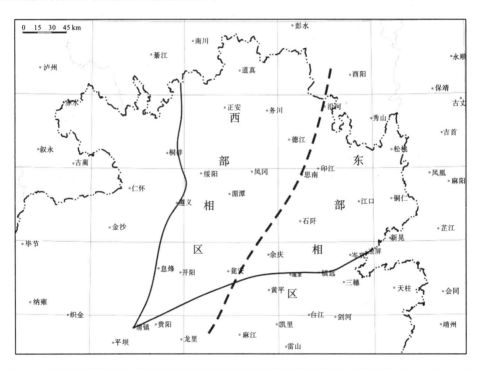

图1.2 黔北地区震旦系—寒武系地层分区图(据贵州省页岩气资源：调查评价报告，2013年)

1) 寒武系

下部普遍发育为黑色碳质泥岩，黄铁矿丰富，厚40～120m，分布稳定；上部为深灰、灰绿色泥页岩条带，厚30～50m。明心寺组与金顶山组在黔北地区以含砾石英砂岩、石英砂岩为标志层分界。岩性组合及沉积环境接近，都为灰绿色泥岩与粉砂岩韵律互层夹灰岩，向上粉砂岩逐渐增多，水体逐渐变浅，属浅海陆架-潮坪沉积。

而下统东部相区，牛蹄塘组岩性为玄色碳质泥岩，和九门冲组渐变过渡，由碳质泥岩→含碳钙质泥岩→钙质泥岩→泥质灰岩→泥晶灰岩逐渐变化，发育正粒序结构和沙纹层理，厚50～70m。九门冲组为缓坡相沉积，由泥晶灰岩→泥灰岩→钙质泥岩→含碳钙质泥岩→碳质泥岩逐渐变化。变马冲组根据岩性可分为三段，一段厚约100～120m，主要为黑色碳质泥岩,夹灰色粉砂岩条带,泥岩发育水平层理,粉砂岩中见有沙纹层理和塑性变形层理;二段厚 120～150m,岩性为灰色石英粉—细砂岩;三段厚 30～50m,岩性主要为黑色碳质泥岩、含碳质泥岩,发育水平层理与黄铁矿。

杷榔组厚 240～400m,岩性主要为深灰—灰绿色泥岩、钙质泥岩夹粉砂岩与泥灰岩,见大量三叶虫化石;顶部过渡为潮坪相紫红色泥岩,遗迹化石丰富。

高台组岩性为灰色砂、泥质白云岩夹云母石英砂岩及钙质页岩,局部层段发育膏岩沉积。娄山关组,总体岩性比较单一,主体为灰色中厚层块状的白云岩、白云质灰岩、石灰岩,局部发育砂屑灰岩、鲕粒灰岩。

2) 奥陶系

下奥陶统含有桐梓组与红花园组,岩性主要是灰色生屑灰岩、生屑白云岩夹泥岩;中奥陶统湄潭组灰绿色泥岩夹生屑灰岩条带,上部砂岩夹层渐多,生物以三叶虫、腕足较为丰富。

上奥陶统宝塔组、临湘组岩性比较特殊,宝塔组又称为"宝塔"灰岩。五峰组岩性主要为黑色碳质泥岩,笔石丰富,厚 5～15m。顶部观音桥组生屑灰岩、碳泥质灰岩,四射珊瑚、赫南特贝、达尔曼虫为该地层"时髦"的生物组合,除此还见海百合茎碎片。

3) 志留系

志留系在贵州省分布比较局限,主要分布在黔北及黔东北地区,发育缺失,主要是壳相沉积,其纵向上由浅到深发育为龙马溪组、松坎组、石牛栏组及韩家店组。其中,龙马溪组大部分页岩主要分布在贵州北部,即黔北地区,因黔中隆起的作用,使其南、北部地区地层发育情况差异较大,后者沉积缺失及剥蚀,地层发育不全。龙马溪组属笔石页岩相,底部为黑色片状—薄层碳质泥岩,向上钙、砂质逐渐增加,颜色逐渐变浅。

松坎组沉积属于多种混合相,灰—深灰色薄层钙质泥、页岩与薄层(偶夹中厚层)微粒泥灰岩互层,并具有由北西向南东厚度递减的趋势;石牛栏组岩性主要为浅灰、灰色中—厚层状灰岩、生屑瘤状灰岩夹钙质泥岩与粉砂岩,为碳酸盐岩潮坪沉积;韩家店组岩性为紫红、灰绿色中薄层粉砂质页岩,偶夹粉砂岩及石灰岩透镜体,潮汐层理发育,产珊瑚、腕足及三叶虫等化石。

4) 震旦系

由下而上分别为陡山沱组、灯影组。下统陡山沱组为碳质泥岩、泥岩及白云岩组合,具"两白两黑"特征,底部"冰盖帽"白云岩为区域重要对比标志,一般厚 50～80m。陡山沱组四段为富有机质岩性段,以遵义松林、湄潭梅子湾等地厚度较大。上统灯影组为一套以白云岩为主的碳酸盐建造,碳酸盐台地相,厚 300～600m。上统老堡组与灯影组属同时异相,岩性为黑色硅质岩,深水陆棚沉积,厚 10～25m,与灯影组相比,减薄明显。

5) 二叠系

二叠系遍布贵州全省,发育比较完善,下统主要含有的岩相及生物相呈近东西向分布;上统则主要为碎屑岩和石灰岩,相带分布呈近南北向。二叠系在黔北地区由浅至深可分为梁山组、"栖霞组"及茅口组。其中梁山组主要岩性为黏土岩、黑色碳质页岩、煤层和硅质岩;"栖霞组"岩性包括深灰色中厚层含燧石条带泥晶生屑灰岩,以及含碳泥质灰岩,呈波状—透镜状层理发育;茅口组岩性组成包括白云石化灰岩、燧石灰岩以及呈波—透镜状层理发育的泥质条带灰岩组成。

2. 地质构造演化史

据 1987 年贵州省地质矿产局对贵州省地质调查可知,贵州省构造沉积演化史按老到新可分为三个发展阶段,分别为中元古晚期至志留纪、泥盆纪至晚三叠世中期和中—新生代,对其作简单的概述见表 1.1。

黔北区域褶皱、断裂构造非常发育。褶皱整体以北东向或北北东向展布为主,南北向、东西向和北西向褶皱、断裂有发育。在黔北地区的西部和西南部地区,单个褶皱常呈"S"形或反"S"形,主要因为该区受到四川盆地这一硬性地块的影响,东面有南北向构造的制约,南面有东西向构造的阻挡,在太平洋板块斜向俯冲的控制下,地块发生左旋直扭运动,同时受到上述边界条件的制约而形成。

黔北区域的断裂是由多个走向的断裂相互切割、联合和干扰下形成的,以北东向和北北东向断裂为主,由于在多期构造运动的影响下,古断裂活化现象普遍,造成了不同走向的断裂切割关系非常复杂。同时,黔北地区多发育海相碳酸盐岩地层,岩石脆性大,所以断层倾角较大,有的断面直立,甚至发生倒转。从整个黔北地区构造变形特征来看,该区以挤压变形为主,兼有走滑的性质(图 1.3)。

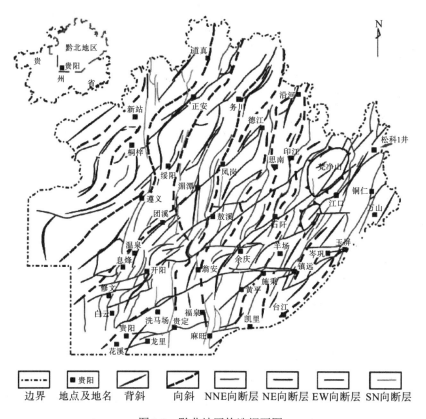

图 1.3　黔北地区构造纲要图

表 1.1　贵州省构造沉积演化史

发展阶段	时期	年龄值/Ma	作用及特点
中元古晚期至志留系	中元古晚期	距今 1400~375	武陵运动，使贵州从活动陆缘转化为大陆。
	晚元古早期		再次沦为陆缘活动环境，雪峰运动使贵州大部分从活动陆缘转变为稳定地台。
	震旦纪		由俯冲作用使大陆地壳向下弯曲，海水重新向北推进，积聚大量物源物质，最终黔北地区成为浅海台地。
	早生古代		广西运动完成了贵州向地台类型地壳演化的全部过程
泥盆纪至晚三叠世中期	早泥盆世早期	距今 375~189	导致奥陶系和志留系近东西向隆起面貌，引起早期北西和北东向两组扭裂的张性断裂活动。
	早泥盆世中、晚期		形成低凹地带，初期海侵的产物沉积下来，出现滨浅海沉积。
	中泥盆世至早二叠世		海平面上升，海侵范围逐渐扩大，且深水碳酸盐岩、硅泥质组合和浅海碳酸盐岩等出现明显分异。
	晚二叠世初期		早期沉积物遭受剥蚀，导致二叠系上统、下统之间形成假整合面，而软流圈热膨胀达到高峰。
	晚二叠世晚期至中三叠世		黔南因受深水沉积，海盆日益加深，形成大部分的深水碳酸盐岩和硅质沉积。
	晚三叠世早、中期		软流圈逐步恢复到最初的状态，海盆被沉积物填满变浅。
中—新生代（晚三叠世晚期以来）	晚三叠世晚期至始新世	距今 189	贵州省全面上升为陆，海相地层的发育历史自此结束且形成遍及全省的褶皱，形成内陆盆地。
	渐新世至第四纪时期		印度板块与亚洲大陆碰撞接合，形成各种内陆环境的冰期、间冰期的松散堆积

1.1.2　页岩层特征

众多研究者研究表明，页岩气主要以游离状态、吸附状态赋存于页岩有机质、黏土颗粒表面或基质孔隙、天然微裂缝中[1]，属典型的"自生自储型"岩性气藏[2]。因此，页岩层所处的沉积环境、断裂体系及裂缝发育情况对页岩气赋存尤为重要。

1) 沉积环境

页岩的沉积环境对烃源岩发育及分布有着重要的影响，表现在古生产力及氧化还原条件等沉积环境对页岩有机质丰度和有机质类型的影响[3]。对扬子地台来说，最强的海侵作用发生于早生古代时期，寒武纪时间海域基本上整体相连，地台发展进入了相对稳定的时期[4]。至晚震旦后，上扬子地区缓慢处于相对波动不大的热沉积阶段[5]，黔北地区也进入了浅海台地。

2) 沉积特征

黔北地区沉积体系均属海洋沉积体系，且具有下寒武统牛蹄塘组、上奥陶—下志留统龙马溪组富有机质页岩地层，由岩石组合、沉积组构、生物组合、沉积机理等特征，可分为滨岸及陆棚两个沉积相，滨岸沉积相主要以潮坪亚相为主，主要分布于龙马溪组，而陆棚可分为浅水陆棚和深水陆棚沉积亚相，主要分布于下寒武统牛蹄塘组、变马冲组一段和上奥陶—下志留统龙马溪组，具体划分见表1.2。

各沉积相有各自的沉积特征，在此选取各沉积亚相中具有典型沉积特征的沉积微相进行阐述。在潮道微相中，以底部为冲刷面开始，向上由斜层理、交错层理、波状层理组合为特征；顶部沉积常不易保存形成砂岩间的冲刷面，如印江地区；而粉砂棚微相中，沉积产物主要以灰色块状粉砂岩为主，夹薄层深灰色泥质粉砂岩和泥岩，可含一定数量的钙质组分；生物化石少，仅见少量三叶虫生物碎片。因脆性矿物含量相对较高，易于后期的压裂改造，如瓮安玉华 ZK122J 井；在泥质粉砂棚中，沉积产物颜色较浅，以灰、深灰色块状或页片状泥质粉砂岩为主，部分层段夹一定量粉砂岩和泥岩。沉积构造主要以块状层理、水平层理和韵律层理为主，偶见递变层理和冲刷侵蚀面。有机碳含量较低，生烃潜力较差，不利于页岩气的储集，但在岩性较致密的情况下，可以作为良好的盖层，如金沙岩孔。

表 1.2   黔北地区富有机质页岩地层沉积相划分

沉积体系	目标层系	沉积相	沉积亚相	沉积微相
海洋沉积体系	龙马溪组	滨岸	潮坪	沙坪
				潮道
				砂泥坪
	牛蹄塘组 龙马溪组	陆棚 (局限浅海)	浅水陆棚	粉砂棚
				泥质粉砂棚
				灰质泥棚
				泥质灰棚
				泥棚
			深水陆棚	粉砂质泥棚
				粉砂质碳质泥棚
				碳质泥棚

泥棚微相中，沉积产物以灰绿、灰色页片状或块状泥岩相为主，局部含灰色泥灰岩和暗色块状粉砂质泥岩相，沉积构造以水平层理、块状层理最为发育，局部见韵律层理和定向沙纹层理，结核状和侵染状黄铁矿较发育。沉积物极为致密，有机碳含量较低，基本不具备生烃能力，但在页岩气开发中可作为良好的盖层，如金沙岩孔。在粉砂质碳质泥棚微相中，沉积物中粉砂质含量较高，一般为20%～40%，块状粉砂质碳质泥岩较多，少见页片状，局部夹薄层碳酸盐岩和泥岩，沉积构造主要以水平层理、块状层理和韵律层理发育为主，少见冲刷侵蚀面和生物扰动构造，结核状和侵染状黄铁矿较发育。有机碳含量较高，生烃潜力较大，可作为页岩气有利的生气和储集相带；脆性指数较高利于实施水力压裂和改造储层，如松桃乌罗。

3）断裂体系与裂缝发育

黔北地区页岩层位经历多次构造运功，引起了断裂不同走向相互交错、切割，导致现今复杂多变的断裂体系，且地层主要以海相碳酸盐岩为主，据众多研究者研究，富含脆性矿物，从而会产生大量地褶皱及其断裂构造。据断裂深度和影响因素分级，研究区内一级断裂 4 条，分别为遵义—贵阳断裂、赫章—遵义断裂、贵阳—镇远断裂和铜仁—三都断裂；二级断裂 4 条，分别为石阡—开阳断层、关塘断层、德江—湄潭断层、正安—桐梓断层。一级断层深达基底，具有区域性特征。二级断裂深达寒武系牛蹄塘组，使黔北地区页岩气更不易于保存。黔北断裂分布图如图 1.4 所示。

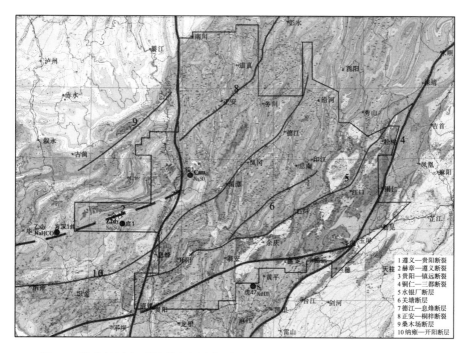

图 1.4　黔北地区主要断裂分布图(据贵州省页岩气资源调查评价报告，2013)

1.2　页岩生气条件分析

页岩气的生气条件是页岩气产出的关键，页岩气生气条件越好，在一定程度上说明了页岩气具有开采的可能性越高。页岩气成藏的生烃条件及过程与常规天然气藏相同，泥页岩的有机质丰度、有机质类型和热演化特征决定了其生烃能力和时间。页岩既是烃源岩又是储层，富含有机质页岩层可以同时作为页岩气的烃源岩和储层，形成并储集大量的页岩气，因此页岩气是典型的"自生自储"成藏模式，使得泥页岩具有普遍的含气性。页岩气藏的形成是天然气在烃源岩中大规模滞留的结果。

富有机质页岩的地化参数不仅控制着页岩气的生气能力，它对页岩的储集性能，尤其是页岩吸附页岩气的能力产生了重要的影响。富有机质黑色页岩的生烃能力主要影响因素有三个，即页岩中最初沉积的有机碳质的多少(页岩中有机碳含量)；原始有机质生气能力和有机质成因类型(有机质类型)；有机物质转化成烃类天然气的程度(有机质热演化程度)。前两个因素是页岩原始沉积的结果，受到页岩最初沉积的有机质的影响，第三个因素取决于页岩后期热演化强度和演化持续时间，或者是页岩的压实程度。

1.2.1 有机碳含量

页岩成气藏的物质基础是有机质，有机质的含量及分布是页岩气成藏的重要指标。页岩中有机质相对含量通常用有机质丰度来表征，有机质丰度可用于衡量和评价页岩的生烃潜力。岩石中总有机碳含量不仅在烃源岩中是重要的，在以吸附作用为储集天然气方式的页岩气储层中也是很重要的，页岩的吸附能力随着页岩有机碳含量的升高而变强。页岩气藏要求大面积的供气，而有机质页岩的分布和面积决定有效气烃源岩的分布和面积；从裂缝中聚集的天然气以主要以活塞式向前推进。

有机碳含量在一定程度上控制着页岩裂缝的发育程度，决定页岩的含气量，页岩含气量(吸附气及游离气总量)随页岩有机碳含量的增加而增大。岩石中碳元素有两种存在形式，即无机碳和有机碳，无机碳多以碳酸盐岩形式存在，有机碳多通过生物体埋藏来保存。有机碳含量是有机质丰度常用指标，但岩层中有机质都经历了漫长的地质发展演化，原始有机质的丰度已经无法直接测定，只能测定残余有机质含量，即有机碳含量(TOC)。当前常用的有机质丰度评价指标主要有有机碳含量(TOC)、氯仿沥青"A"、生烃潜量(S_1+S_2)和总烃(HC)。黄第藩等制订了烃源岩有机质丰度评价标准[6]，见表1.3。

表 1.3　烃源岩有机质丰度评价标准

烃源岩类别	有机地球化学指标				
	有机碳含量 (TOC)/%	氯仿沥青"A" /%	总烃(HC) /(μg/g)	生烃潜量(S_1+S_2) /(mg/g)	HC/TOC/(mg/g)
好	>2.0	>0.2	>500	>6.0	>80
较好	0.6～2.0	0.05～0.1	200～500	2.0～6.0	30～80
较差	0.4～0.6	0.015～0.05	100～200	0.5～2.0	10～30
非烃源岩	<0.4	<0.015	<100	<0.5	<10

有机碳含量测定是在贵州省煤田地质局实验室完成的。首先向粉碎至200目的黑色页岩样品，加入过量的盐酸溶液，放入水浴锅中温度控制在60～80℃，溶样2h，至反应完全为止，除去样品中碳酸盐(即无机碳)。然后将用蒸馏水洗至中性并烘干的样品送入高温环境中，将有机质燃烧成二氧化碳，测定生成的二氧化碳含量，并将其转化为碳元素含量，最终计算出有机碳含量。测试结果见表1.4。

表 1.4　黑色页岩有机碳含量

样品编号	FC-1	FC-2	TM-1	TM-2	TM-3	DF-1	DF-2	DF-3	DF-4
深度/m	2461.11	2518.99	1442.08	1459.22	1487.63	982.4	996.14	1021.2	1035.7
TOC/%	3.94	5.01	5.97	5.05	4.25	3.28	7.50	4.02	5.72

页岩中的有机质都经历了漫长的地质发展演化，原始有机碳含量已无法测定。实测的

有机碳值仅表示剩余有机碳含量。因此,实测有机碳含量需经适当恢复才能反映原始有机碳含量。研究表明,原始有机碳含量与实测有机碳值之间有一定的比例关系。Tissot 等认为,原始有机碳含量等于 K 乘以实测有机碳值,其中 K 为转换系数,可据有机质类型及所处的演化阶段确定[7]。从查阅的资料可得,其转换系数为 1.2,有机碳含量恢复结果见表 1.5。

表 1.5　有机碳含量转换系数

演化阶段	有机质类型		
	I	II	III
成岩阶段	1.25	1.34	1.48
深成阶段末期	1.2	1.19	1.18

研究区原始有机碳含量为 3.28%~7.5%,均值为 4.97%,有机碳含量总体较高,且远高于北美页岩气开发有机碳含量>2%的条件。遵义凤冈黑色页岩原始有机碳含量为 3.94%~5.01%,均值为 4.475%。黔东南岑巩黑色页岩原始有机碳含量为 4.25%~5.97%,均值为 5.09%。黔西北大方黑色页岩原始有机碳含量为 3.28%~7.5%,均值为 5.13%。遵义凤冈、黔东南岑巩和黔西北大方三个研究区原始有机碳含量相差不大,均在 5%左右,研究区黑色页岩有机碳含量均大于 2%。收集前人[8]研究资料综合分析遵义凤冈、黔东南岑巩及其邻区有机碳含量分布情况,见表 1.6。可以看出研究区及其邻区有机碳含量为 5.0%~6.5%。有机质丰度较高,具有较好的生气潜力。

表 1.6　遵义凤冈、黔东南岑巩及其邻区有机碳含量

井位/实测剖面	样品编号	TOC/%	分布位置
凤参 1#井	FC 均值	5.756	凤冈县党湾乡刘家寨村
天马 1#井	TM 均值	5.442	岑巩县天星乡
大方 1#井	DF 均值	5.13	大方县高店乡
绥页 1#井	SY1-65	6.5	绥阳县青杠塘镇后槽村
正页 1#井	ZY1-34	5.48	正安县柿坪乡大千村
湄页 1#井	MY1	5.61	湄潭县高台镇三联村
ZK2 井	ZK2-24	5.92	凤冈县麻湾洞
张家坝实测剖面	ZJB-2	5.76	印江县永义乡张家坝村
庙子湾实测剖面	MZW-5	4.82	遵义县毛石镇庙子湾村
中南村实测剖面	ZNC-7	5.31	遵义县松林镇中南村

注:除凤参 1#井、大方 1#井和天马 1#井外其余数据均来源于文献[8]。

1.2.2　有机质成熟度

有机质热成熟度是决定页岩气生烃强度的一个重要指标,有机质热演化程度与泥页岩单位体积的生气量存在正相关性,演化程度越高越有利于增加泥页岩的生气潜能[9]。只有

达到一定的成熟阶段的有机质才能开始生烃。不同成熟阶段，有机质表现不同特性。在适当范围内，有机质成熟度增高，有利于有机质裂解形成气体，过高或过低的成熟度都不利于气体的生成与吸附。有机质热成熟度会影响页岩有机质结构，有机质在热解生烃的过程中，随着热演化程度的增加，有机质孔隙结构会发生变化，微孔数量增多。热演化程度除了影响有机质孔隙的发育外，同时还对黏土矿物间微孔隙的发育起着很大作用，其影响机理主要是通过影响黏土矿物类型与含量，进而实现对黏土矿物间微孔隙造成影响。因此选用镜质组反射率(R_o)和岩石热解最高峰温(T_{max})作为研究区黑色页岩中有机质成熟度评价参数。

镜质体指的是高等植物木质素经生物化学降解泥胶化作用而形成的泥胶体，镜质组反射率是一种有效的有机质指标。干酪根的成熟度不仅可以用来预测烃源岩中生烃潜能，还可以用于高变质地区寻找裂缝性页岩气储层潜能，作为页岩储层系统有机成因气研究的指标。干酪根的热成熟度也影响页岩中能够被吸附在有机物质表面的天然气量。一般来说 R_o 越高表明生气的可能越大(生气量越大)，裂缝发育的可能性越大(游离态的页岩气相对含量越大)，页岩气的产量越大。热成熟度控制有机质的生烃能力，不但直接影响页岩气的生气量，而且影响生烃后天然气的赋存状态、运移程度、聚集场所。采用中国石化研究院中国南方黑色页岩成熟阶段划分标准(表 1.7)。当 $R_o \leqslant 0.5$ 时，有机质属于未成熟阶段，该阶段主要出产生物气，有机质演化形成干酪根；当 $0.5 < R_o \leqslant 1.3$ 时，有机质处于成熟阶段，处于成烃阶段的成油期，干酪根大量降解形成油气资源；当 $1.3 < R_o \leqslant 2$ 时，有机质为高成熟阶段，属于成烃的凝析油—湿气阶段，干酪根热降解和原油裂解作用使产气率不断提高。当 $2 < R_o \leqslant 4$ 时，页岩中有机质属于过成熟阶段，为成烃的干气阶段，干酪根生烃潜力极低，仅少量原油裂解生成以甲烷为主的天然气；$R_o > 4$ 时，有机质处于变质期，生烃也已经终止。

表 1.7 中国南方黑色页岩成熟阶段划分标准

成熟阶段	未成熟	成熟	高成熟	过成熟早期	过成熟晚期	变质期
R_o/%	<0.5	0.5~1.3	1.3~2	2~3	3~4	>4
成烃阶段	生物气	成油期	凝析油-湿气	干气	干气	生烃终止

注：资料来源文献[1]。

研究区的黑色页岩生烃潜量测试是在贵州省煤田地质局实验室完成的。测试仪器为 LeitzMPV1.1 型显微光度计，测试温度为 24℃，湿度为 65%RH。该研究中镜质组反射率(R_o)是通过测定干酪根中镜质体颗粒的反射率得到的，通常选用最大镜质组反射率值(R_{omax})作为有效结果。测试结果见表 1.8。

表 1.8 贵州下寒武统黑色页岩有机质镜质组反射率测定结果

编号	R_{omin}	R_{omax}	测点数	标准差
FC-1	1.67	2.27	21	0.18
FC-2	1.18	2.26	33	0.37
TM-1	0.650	1.685	19	0.278

续表

编号	R_{omin}	R_{omax}	测点数	标准差
TM-2	2.143	3.112	35	0.265
TM-3	0.405	1.352	11	0.251
DF-1	0.160	0.692	13	0.157
DF-2	1.363	2.444	11	0.317
DF-3	0.884	1.873	17	0.323
DF-4	2.234	2.956	16	0.179
平均值	1.188	2.072	—	—

注：测试单位为贵州省煤田地质局实验室。

从测定结果可知，研究区下寒武统牛蹄塘组黑色页岩镜质组反射率(R_o)为 0.692%~3.112%，平均为 2.072%。研究区黑色页岩属于过成熟早期，居于干气演化阶段。在干气演化阶段页岩气的生成主要依靠干酪根上的短烷基支链热裂解，此时由于干酪根的生烃潜力非常低，页岩气的生成量十分少。前人研究表明，当镜质组反射率(R_o)为 2.8%~3.0% 时，有机质的生烃潜力基本趋于枯竭。研究区黑色页岩有机质的镜质组反射率(R_o)平均为 2.072%，属于成烃阶段的干气阶段。干气阶段干酪根生烃潜力极低，仅生成少量以甲烷为主的气体。美国勘探页岩气技术十分成熟，从实际中得出，高的有机质成熟度(>2.0%)不但不会制约页岩气的聚集，相反，高的成熟度对页岩气的储集有利。

岩石热解最高峰温(T_{max})是指岩石热解时最大生烃率所对应的温度。岩石热解最高峰温主要与干酪根的结构即干酪根的活化能有关，在岩石埋藏深度加深的过程中，部分有机质会发生降解，最先降解的是热稳定性较差的干酪根，即活化能较低的干酪根，热稳定性较好的活化能较高的干酪根则会保存下来。岩石的热解峰温通常随热演化程度的加深而增大。本书采用陆相烃源岩成熟阶段划分标准，见表 1.9。

研究区黑色页岩有机质热解最高峰温(T_{max})普遍大于 500℃，黑色页岩有机质热解最高峰温(T_{max})均为 564.2℃，属于高成熟阶段。由于处于高成熟度阶段，对有机质生烃产生了重要的影响。

表 1.9 陆相烃源岩成熟阶段划分标准

成熟阶段	未成熟阶段	低成熟阶段	成熟阶段	高成熟阶段	过成熟阶段
T_{max}	<435℃	435~440℃	440~450℃	450~580℃	>580℃

注：资料来源文献[2]。

1.2.3 有机质类型

有机质是生物体有机组分，为成岩作用过程中的残留物及演化产物。研究对象为下寒武统牛蹄塘组黑色页岩，有机质主要来源于低等植物藻类和浮游动物遗体，且在其降解过程中有细菌代谢产物的加入，这些原始有机质经烃化形成生烃潜量较高的腐泥组分。有机质类型与生烃潜力和生烃产物密切相关，是烃源岩生烃潜力的重要评价参数之一。

有机地球化学评价方法主要有显微组分分析法、干酪根碳同位素、干酪根元素 H/C、

O/C 原子比、岩石热解、氢指数等。有机质类型主要采用显微组分分析法。显微组分分析法主要依据干酪根中显微组分的光学特征对干酪根类型进行划分。据干酪根镜下特征将干酪根显微组分分为腐泥组、壳质组、镜质组和惰质组。据显微组分特点将有机质类型主要分为腐泥型、腐泥—腐殖型、腐殖型三大类，即 I 型、II 型、III 型。该研究采用显微组分分析法等鉴定黑色页岩有机质类型。

显微组分分析法首先进行干酪根提取。先将样品破碎至 60~80 目，再用盐酸与氢氟酸去除矿样中的无机组分，将所得的不溶物用一定比重的重液进行浮选，再用氯仿除去可溶有机质即得到干酪根。所提取的干酪根应具有代表性，提取过程中应注意保持原有的形态和结构并保证纯度在 75%以上。将所得的干酪根粉末制薄片并在透射光下观察鉴定。参照透射光-荧光干酪根显微组分鉴定及类型划分方法（SY/T 5125—1996），研究区黑色页岩有机质类型测试结果见表 1.10。

表 1.10　贵州黑色页岩有机质类型

样品编号	FC-1	FC-2	TM-1	TM-2	DF-1	DF-3
有机质类型	I	I	III	III	III	III

注：测试单位为贵州省煤田地质局实验室。

干酪根显微组分主要有分为四类，即腐泥组、壳质组、镜质组和惰质组。腐泥组主要来源于藻质体和无定形。藻质体主要有蓝藻、绿藻等具有一定结构的藻类，在透射光下呈淡黄色、黄色、黄褐色。

无定形是指无固定形态和结构的有机组分，多认为它是藻类和水生生物分解彻底的产物，来源较为复杂。透射光下呈鲜黄或褐黄色。壳质组多来源于高等植物的孢子、花粉等壳质组织，一般占干酪根总量的 2%~10%，透射光下呈黄、绿、褐黄色。镜质组主要来源于高等植物的木质纤维部分，是凝胶化作用作用于植物茎叶和木质纤维而形成的凝胶体，透射光下呈棕红、橘红或褐红色。惰质组主要来源于高等植物中经炭化的木质纤维，在透射光下不透明，呈黑色。

遵义凤冈、黔东南岑巩和黔西北大方黑色页岩中干酪根显微组分形态如图 1.5 所示。从图中可以看出，干酪根在透射光下全为黑色，无法分辨出显微组分类型。其原因可能是研究区黑色页岩中有机质组分成熟度较高，经历了强烈的热演化作用，转为黑色或深黑色。

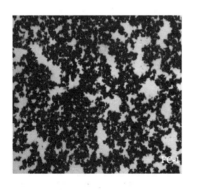
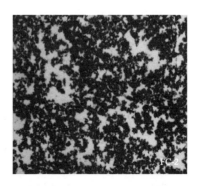

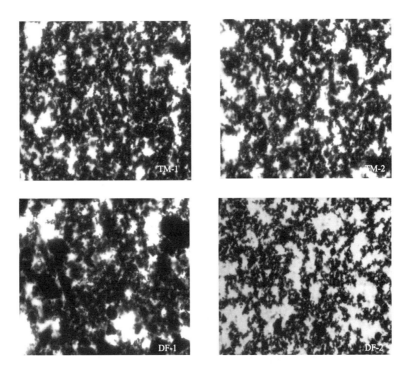

图 1.5　透射光下干酪根显微组分

所测样品的有机质组分经历了强烈的热演化作用，颜色为黑色或深黑色，但就其原始有机质类型而言，参考郝石生等著的《高过成熟海相烃源岩》，鉴定遵义凤冈干酪根类型为 I 型，黔东南岑巩和黔西北大方干酪根类型为Ⅲ型。结合透射光下干酪根显微组分发现 I 型干酪根呈现暗黑色，Ⅲ型干酪根呈现灰黑色。研究区下寒武统牛蹄塘组有机质以腐泥型为主，含有少量的镜质组，缺失壳质组和惰质组，烃源岩的生烃母质多来源于较为低等的生物，含浮游动物、藻类和细菌等，表明有机质来源于藻类等低等水生生物。

1.3　页岩气储集空间特征

页岩岩石致密，通常具有低孔隙度和低渗透率的特点，但因其富含有机质和黏土矿物，微孔隙发育，是多孔介质。页岩气是一种自生自储、以游离和吸附方式为主而赋存于纳米级孔隙、微裂缝和黏土矿物等的非常规天然气。黏土矿物表面和有机质孔隙是页岩气吸附的主要场所，储层裂缝是页岩气游离的通道，页岩孔隙为页岩气提供了吸附的比表面积和孔体积，是页岩气储集的主要场所，也是页岩气的运移通道。研究页岩气的储集空间特征对于其勘探开发意义重大。

样品采自遵义凤冈凤参 1#井、黔东南岑巩天马 1#井和黔西北大方 1#井牛蹄塘组黑色岩，所有样品均为井下岩心，无露头样。采样情况见表 1.11。

表 1.11　岩心取样位置、深度情况

井号	编号	取样位置	深度/m
凤参 1 井	2-5#	凤冈县党湾乡刘家寨村	2461.11
	2-15#	凤冈县党湾乡刘家寨村	2518.99
天马 1 井	65-2#	岑巩县天星乡	1442.08
	74-1#	岑巩县天星乡	1459.22
	90-1#	岑巩县天星乡	1487.63
大方 1 井	1#	大方县高店乡	982.4
	2#	大方县高店乡	996.14
	3#	大方县高店乡	1021.2
	4#	大方县高店乡	1035.7

1.3.1　矿物分析

黑色页岩是常见的烃源岩，页岩内部的矿物对页岩气的富集具有重要的意义。对黑色页岩的物质组成特征进行研究，有助于了解黑色页岩沉积环境。常见页岩组成矿物主要为脆性矿物和黏土矿物，脆性矿物多为石英、长石、黄铁矿等，黏土矿物多为伊利石、高岭石、蒙皂石、绿泥石等。脆性矿物对页岩储层孔隙裂隙发育和后期页岩气开采过程中压裂改造有着重要影响，黏土矿物则与页岩气的生成和储集密切相关。页岩内部矿物对页岩气的吸附能力也存在着重要的差异，各种矿物甲烷吸附量次序为蒙皂石＞伊蒙混层＞高岭石＞绿泥石＞伊利石＞粉砂岩＞石英岩[3]。另外页岩的矿物比表面积提供了页岩吸附的场所，不同矿物提供的比表面积不同，见表 1.12，黏土矿物比表面积明显比其他矿物提供的比表面积多，这也说明黏土矿物对于页岩气的吸附能力强。页石的脆性矿物含量不是越高越好，随着硅质和碳酸盐岩矿物含量的不断增加，会堵塞页岩流体渗流通道，降低页岩孔隙度，使游离气的储集空间不断减小。

表 1.12　矿物比表面积

矿物		比表面积/（m²/g）		
		内表面积/m²	外表面积	总表面积/m²
主要黏土矿物	蒙皂石	750	50	800
	蛭石	750	1	750
	绿泥石	0	15	15
	高岭石	0	15	15
	伊利石	0	30	30
主要碎屑矿物	长石	—	1.6	3.9
	石英	—	0.9	6.6
	方解石	—	7.45	7.45

注：资料来源文献[3]。

对三个地区的黑色页岩进行了 X 衍射实验，实验结果见表 1.13。分析结果表明遵义凤冈黑色页岩以石英、黏土矿物和钠长石为主，石英含量为 27.4%～47.2%，平均为 37.3%。其黏土矿物全为伊利石，含量占矿物总量的 17%～42.6%，平均为 29.8%。钠长石含量为18.4%～23.9%，平均为 21.15%。同时含有黄铁矿、钾长石、白云石等矿物，钾长石与白云石含量相对较少。黔东南岑巩下寒武统黑色页岩中石英含量最多，为 38.6%～72.8%，平均含量为 55.7%。其次为黏土矿物，含量占矿物总量的 8.9%～27.9%，平均含量为 18.4%。黏土矿物以伊利石为主，含少量高岭石。且含有少量黄铁矿、钠长石、钾长石、白云石和方解石等矿物。黔西北大方研究区黑色页岩中均含有石英、黏土矿物以及黄铁矿。黔东南岑巩黑色页岩中石英含量最高，平均含量为 55.7%，遵义凤冈黑色页岩中石英含量最少，为 37.3%。石英的来源不只是陆源输入，还包括生物石英和热水沉积硅质成分。石英颗粒抗压实能力强，对周围孔隙具有支撑作用，石英含量越高，页岩中的孔隙受压实作用的破坏就越小，孔隙就能很好地保存下来，贵州地区牛蹄塘组页岩内部石英含量高，对页岩孔隙的保存十分有利。

遵义凤冈、黔西北大方、黔东南岑巩黏土矿物含量依次减少，平均值分别为 49.23%、29.8%、18.4%。遵义凤冈和黔东南岑巩黑色页岩黏土矿物成分相对简单，基本全为伊利石，黔西北大方黑色页岩中黏土矿物较丰富，含伊蒙混层、伊利石、高岭石和绿泥石。遵义凤冈和黔东南岑巩黑色页岩中还含有钾长石、钠长石，钠长石含量高于钾长石含量，黔西北大方黑色页岩不含钾长石。研究区黑色页岩均含有少量白云石。方解石含量较少，且仅黔东南岑巩黑色页岩含少量方解石。以上分析结果表明贵州下寒武统黑色页岩以石英和黏土矿物为主，次要矿物有黄铁矿、白云石、钾长石、钠长石和方解石。

表 1.13　黑色页岩 X 射线衍射分析结果

样品编号	矿物种类和含量/%						黏土矿物含量/%	黏土矿物相对含量/%			
	石英	钾长石	钠长石	方解石	白云石	黄铁矿		伊蒙混层	伊利石	高岭石	绿泥石
FC-1	27.4	—	18.4	—	5.8	5.8	42.6	—	100	—	—
FC-4	47.2	2.8	23.9	—	—	9.1	17	—	100	—	—
TM-1	38.6	1.8	12.7	—	4.3	14.7	27.9	—	99	1	—
TM-2	72.8	1.0	5.3	4.8	2.6	4.6	8.9	—	100	—	—
DF-1	37.6	—	12.6	—	7.7	5.3	22.2	8.9	81	8.9	1.2
DF-2	43.7	—	18.9	—	—	6.4	18.8	—	89	7.6	4.4

注：测试单位为贵州省煤田地质局实验室。

1.3.2　扫描电镜观察

页岩孔隙是页岩气储集的主要场所，也是页岩气的运移通道，它对页岩气的吸附、解吸和渗流起着重要的作用。扫描电镜是直接观察页岩孔隙状态最好的方法。为了反映页岩孔隙的真实情况，实验前对样品进行了氩离子抛光；为保证实验效果，避免放电导致实验不理想，实验前对页岩样品进行了镀金处理，镀金后一些纳米级孔隙可能会受到影响，无法进行观察。

通过扫描电镜能直接观察页岩内部的孔隙结构及其连通性。通过对下寒武牛蹄塘组的页岩观察发现，其孔隙结构多种多样，形状多为不规则的球形、椭球形、三角形等（图 1.6），孔隙的连通性差，有利于页岩气的保存。在镜下发现贵州地区页岩有机质含量丰富，有机质呈分散状存于页岩内部[图 1.6（a）]。图 1.6（b）是有机质内部孔隙，它主要是由于热成熟度较高的有机质在生烃时产生的。有机质热成熟度越高，有机质裂解生烃后残余有机质孔隙越多，就越利于页岩气的吸附。可以看出有机质内部孔隙相当发育，形状呈无规则状，大小从几纳米到数十纳米不等，彼此的连通性差，有利于储集页岩气。这些孔隙均具有很大的储集能力尤其是吸附能力[3]，能贡献极大的比表面积和孔体积，是页岩气的主要储集场所。同时贵州牛蹄塘组的总有机碳含量极高，而黏土矿物的含量很低，且黏土矿物主要是以比表面积贡献小的伊利石组成，比表面积贡献很大的蒙皂石和蛭石极少，所以有机质纳米级孔隙是牛蹄塘组页岩比表面积和孔体积的贡献者。图 1.6（c）是长石溶蚀孔，图 1.6（d）是方解石溶蚀孔，溶蚀现象极易形成次生孔隙。这两种溶蚀孔的形状、大小基本相同，彼此的连通性差。二者的成因都是在地质演化过程中，长石、方解石等碳酸盐岩矿物在沉积、构造时，由于有机质生烃过程中产生的有机酸[10]，这些有机酸溶蚀矿物形成。图 1.6（e）是黄铁矿晶间孔，凤冈地区牛蹄塘组黄铁矿含量很高，呈条带状分布。黄铁矿晶间孔主要分布在单个或多个黄铁矿集合体之间，孔隙大小不均匀，其内部多被有机质充填。这些孔隙体积小，但是数量很多，吸附性也比较强，是页岩气吸附的场所之一。图 1.6（f）是铸模孔，铸模孔指岩石中易溶的颗粒或晶体被完全溶解而形成的孔隙，其成因与溶蚀孔有些类似。铸模孔的形成是溶蚀作用的选择性导致的，往往溶蚀一些相对易溶的矿物而形成孔隙。可以看到，溶蚀孔的形态无规则，其内部还发育着更细小的孔隙。铸模孔独立分布，连通性差。图 1.6（g）是粒间孔，为同种或不同种颗粒、晶体或化石间的孔隙。贵州牛蹄塘组页岩粒间孔主要由同种或多种矿物相互支撑形成，石英、黏土矿物、长石、黄铁矿和石膏等颗粒或晶体之间形成粒间孔。硅质岩中石英多以隐晶质出现，粒间孔较少，黑色页岩中可见无定型石英粒间孔。图 1.6（h）是构造裂隙，它是页岩受构造运动产生的，它的形态不固定，孔隙的宽度较大。图 1.6（i）是收缩裂隙，以短缝、窄缝、张开缝为主。它通常是由于不同矿物的收缩系数不同而产生的。贵州牛蹄塘组页岩大量发育构造裂隙和收缩裂隙，它在地层压力的作用下处于闭合—半闭合状态，通常会被后生矿物充填，是孔隙和裂缝连接的桥梁，对页岩气的渗流非常有利。页岩裂隙发育程度一般与岩石中石英、长石和碳酸盐岩等脆性矿物的含量呈正相关关系。贵州牛蹄塘组页岩石英等脆性矿物含量很高，有利于裂隙的发育，这些微裂隙对后期的压裂非常有利。

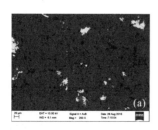
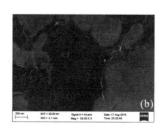
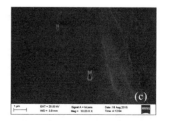

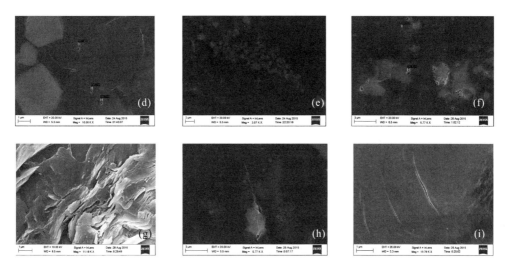

图 1.6　贵州下寒武牛蹄塘组页岩储层内部孔隙

(a)有机质丰富；(b)有机质内部孔隙；(c)长石溶蚀孔；(d)方解石溶蚀孔；

(e)黄铁矿晶间孔；(f)铸模孔；(g)粒间孔；(h)构造裂隙；(i)收缩裂隙

1.3.3　液氮吸附实验

氮吸附法测定比表面积、孔径分布是利用氮的等温吸附特性。氮气的相对压力 p/p_0 决定了氮分子在材料表面的物理吸附量，其中 p_0 为液氮温度时氮的饱和蒸气压，p 为氮气分压。当 $p/p_0 \geq 0.4$ 时，由于产生了毛细凝聚现象，吸附量与表面微孔的尺寸相关，以此为基础，则成为测定孔径分布的依据。当 p/p_0 为 0.05～0.35 时，吸附量与 p/p_0 符合 BET 方程，成为比表面积测定的依据[5]。

比表面积计算采用 BET 公式：

$$\frac{x}{V_{待}} = \frac{1}{V_{m}C} + \frac{(C-1)x}{V_{m}C}$$
(1-1)

式中，x——氮气相对压力 p/p_0（0.05<x<0.30）；

V_{m}——多点法每克待测样品表面形成单分子层所需要的氮气的体积，ml/g；

$V_{待}$——每克待测样品所吸附气体体积(标况)，ml/g；

C——BET 常数。

以 $x/[V_{待}(1-x)]$ 对 x 作图，用最小二乘法，可得一直线，其斜率 $a=(C-1)/(V_{m}C)$，截距 $b=1/(V_{m}C)$，由此可得：$V_{m}=1/(a+b)$。

在恒温下，对应一定的吸附质压力，在固体的表面上存在一定量的气体吸附，通过测定一定压力下的吸附量，可以得到吸附等温线。吸附等温线的形状直接影响孔的大小和多少。对于多孔的固体吸附剂，吸附和脱附的等温线有时并不重合，在吸附等温线上会出现滞后现象，形成一个滞后圈。吸附等温线和滞后圈的形状可以反映多孔物质的孔结构。图 1.7 是根据 BET 分类的 5 种经典吸附等温线。

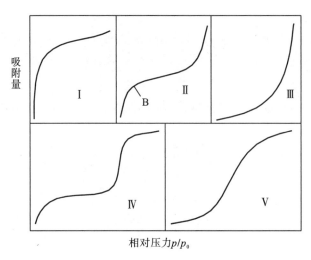

图 1.7　常见的 5 种经典吸附等温线

Ⅰ型等温线：Langmuir 等温线。该过程是窄孔进行吸附，而对于微孔来说是体积充填的结果。样品的外表面积比孔内表面积小很多，吸附容量受孔体积控制，曲线转折点对应吸附剂的小孔完全被凝聚液充满。

Ⅱ型等温线：S 形等温线。该类等温线对应于发生在非多孔性固体表面或大孔固体上自由的单一多层可逆吸附过程。在低于 p/p_0 处有拐点 B，是等温线的第一个陡峭部，它指示单分子层的饱和吸附量，相当于单分子层吸附的完成。随着相对压力的增加，开始形成第二层，在饱和蒸气压时，吸附层无限大。

Ⅲ型等温线：在整个压力范围内凸向下，曲线没有拐点 B。在憎液性表面发生多分子层，或固体和吸附质的相互作用小于吸附质之间的相互作用时，呈现这种类型。在低压区的吸附量少，且不出现 B 点，表明吸附剂和吸附质之间的作用力相当弱，相对压力越高，吸附量越多，表现出有空充填。

Ⅳ型等温线：低 p/p_0 区曲线凸向上，与Ⅱ型等温线类似。在较高 p/p_0 区，吸附质发生毛细管凝聚，等温线迅速上升。当所有孔均发生凝聚后，吸附只在远小于内表面积的外表面上发生，曲线平坦。在相对压力接近 1 时，在大孔上吸附，曲线上升。

Ⅴ型等温线：Ⅴ型等温线的情况较少见，它的特征是向相对压力轴凸起。与Ⅲ型等温线不同，在更高相对压力下存在一个拐点。

但是在很多吸附-脱附曲线中通常会出现吸附曲线与脱附曲线相分离而造成的滞后环，即吸附滞后。这种吸附滞后现象与孔的形状及其大小有关，因此通过分析吸附脱附等温线能知道孔的大小及其分布。图 1.8 和图 1.9 分别表示 5 种滞后环类型和 3 种孔隙形态。

A 类滞后环的特点是吸附和脱附线在中等压力区急剧变化且很陡。此类滞后环的代表孔为 a 类孔，其他两端开口的不规则筒形、柱形也有可能形成该类滞后环。

B 类滞后环的特点是脱附曲线在中等压力处急剧下降，而吸附曲线在近饱和时急剧上升，形成此类滞后环的孔隙大多都是平板狭长缝隙型的孔隙。

C 类滞后环的特点是不同于中等压力处很陡的吸附曲线，而脱附曲线在中等压力处则平缓下降，锥形或双锥形孔隙容易形成此类滞后环。

　　D 类滞后环的特点是吸附回线平缓上升，到高压处急剧上升，而脱附回线变化平稳，此类滞后环的典型孔隙代表是四面开方式交错重叠孔隙。

　　E 类滞后环的特点是吸附曲线变化较为缓慢而脱附曲线则垂直下降，反映了 c 类"墨水瓶"形的开口小腔体大的孔隙。

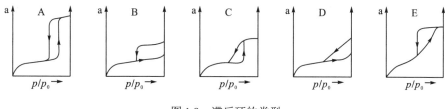

图 1.8　滞后环的类型

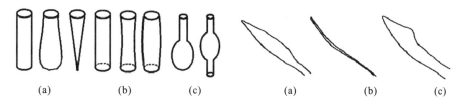

图 1.9　煤样孔隙形态

(a)开放孔；(b)半开放孔；(c)墨水瓶孔

　　由上述内容所述，对遵义凤冈凤参 1# 井、黔东南岑巩天马 1# 井和黔西北大方 1# 井牛蹄塘组黑色岩样品进行液氮吸附解吸实验，测试分析后结果见表 1.14。

　　实验测得贵州下寒武牛蹄塘组页岩的 BET 比表面积在 7.2327～20.6520m²/g，平均 13.73m²/g；单位质量总孔体积在 0.004209～0.014542cm³/g，平均 0.0094cm³/g；平均孔直径在 4.6054nm。总的来说，贵州牛蹄塘组页岩的 BET 比表面积和单位质量总孔体积都比较大，但是平均孔直径都很小，处于纳米级，证明贵州牛蹄塘组页岩普遍发育纳米级孔隙，这对于页岩气的保存十分有利。从表上还可以看到黔东南岑巩天马 1# 井页岩的 BET 比表面积、单位质量总孔体积和平均孔直径都比遵义凤冈凤参 1# 井和黔西北大方 1# 井要大，说明岑巩地区页岩的储集能力比其他的两个地方都要好，也说明了这个地方具有很好的页岩气开发前景，是页岩气勘探开发的有利区。

表 1.14　液氮低温吸附脱附实验测试结果

样品	采样深度/m	BET 比表面积/(m²/g)	平均孔直径/nm	单位质量总孔体积/(cm³/g)
FC-1	2461.11	12.7904	4.2448	0.009794
FC-2	2518.99	7.2327	4.0125	0.004209
TM-1	1487.63	20.6520	3.8732	0.010062
TM-2	1459.22	15.4600	4.1239	0.007937
DF-1	996.14	14.1255	6.3089	0.014542
DF-2	1021.27	12.1157	5.0693	0.009675

注：测试单位为贵州省煤田地质局实验室。

图 1.10 是取自三口试验井 6 种不同页岩的吸附等温曲线。从图中吸附脱附等温曲线上可以看出，在相对压力较小时，页岩的吸附曲线趋向一致，均随着相对压力的升高，吸附量迅速增加，此时发生的主要是单分子层吸附，而微孔具有很大的吸附势[11]，最先开始吸附。即这一阶段主要以微孔吸附为主，这也说明贵州牛蹄塘组页岩的微孔普遍发育。随着相对压力的增加，此时吸附由单分子层向多分子层发展，吸附量较为平坦。在相对压力接近 1 时，吸附量上升较为迅速，但没有呈现吸附饱和的现象，这个阶段在吸附氮气的过程中发生了毛细凝聚。这与经典等温吸附线第 II 类的描述相同，说明贵州牛蹄塘组页岩的等温吸附线都属于第 II 类。

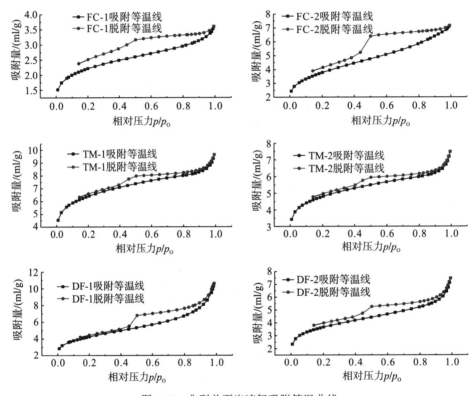

图 1.10 典型井页岩液氮吸附等温曲线

由液氮吸附实验原理可知，在吸附过程中，半径越小的孔越先开始吸附，随着压力的升高，当半径越小的孔被吸附质充满时，半径较大孔的孔壁的吸附层开始增厚，说明吸附过程是先从微孔开始，而脱附的过程正好相反，随着压力的降低，半径由大到小的孔则依次蒸发出孔中的吸附质，即脱附是先从大孔开始，依次脱附。

还可以看到，贵州牛蹄塘组页岩的吸附解吸曲线均出现了"滞后"现象，滞后环范围较大，且都出现了明显的拐点，解吸曲线无法回到吸附起点，即一部分液氮残留在孔隙中，这与文献描述的基本相同，说明页岩样品孔隙系统较为复杂，且存在孔隙形态为口小肚大的"墨水瓶"形孔。IUPAC 在 deboer 滞后环分类的基础上推荐了一种新的分类标准，将滞后环分为 4 类：H_1 型、H_2 型、H_3 型和 H_4 型，每种滞后环对应不同的孔隙状态。在对 4 类滞后环分析后，发现贵州牛蹄塘组页岩的滞后环属 H_2 型，这种孔隙类型反映的是细颈的"墨水瓶"形孔等无定形孔，这种孔对页岩气的保存有利，但不利于页岩气的渗流。在相对压力为 0.55 左右时，页岩的解吸曲线均出现了很大的拐点，且解吸曲线迅速下降，进一步说明了贵州牛蹄塘组页岩孔隙结构为"墨水瓶"形孔隙，与其他文献描述的基本相同[12]。说明贵州牛蹄塘组页岩储层有利于保存页岩气，但不利页岩气解吸。

1.3.4　核磁共振实验

核磁共振是测量分析页岩孔隙参数的另外一种方法，该方法可以测试样品的孔隙度、饱和度和孔径分布，测量孔径的范围较大，能够定量化表征页岩的孔隙状态。核磁共振实验依然选用遵义凤冈凤参 1 井、黔东南岑巩天马 1 井和黔西北大方 1 井牛蹄塘组黑色岩实验样品，实验仪器是纽迈电子科技有限公司生产的核磁共振含油含水分析仪 NM12，纽迈电子科技有限公司生产的 NM12，共振频率为 11.897MHz，磁体温度控制在 31.99～32.01℃，探头线圈直径 25mm。通过测得饱和水的核磁共振信号，利用标准刻度样品进行刻度，将信号强度转化成孔隙度，从而得到页岩岩样的孔隙度。

T_2 弛豫时间是与孔隙尺寸和样品内部结构密不可分的物理量。在多孔介质中，孔径越大，存在于孔中的水弛豫时间越长；孔径越小，存在于孔中的水受到的束缚程度越大，弛豫时间越短，即峰的位置与孔径大小有关，峰的面积大小与对应孔径的大小有关。各个样品的弛豫信号经过反演后的分布如图 1.11 所示，样本做饱水处理，再与离心状态比较。

结果发现，FC-1、TM-2、TM-3 和 DF-2 的 T_2 波谱是含有孤立左峰、右峰的双峰态，左峰比右峰大，孔径以微孔为多数，同时，由于两峰不连续，说明两种孔隙间的连通性差。样品在离心后，这些样品的 T_2 波谱峰与离心前(饱水)变化明显，说明一部分束缚水通过离心被排出，3～10nm 孔隙的连通性较好，有利于页岩气的运移和渗流。FC-2 和 DF-3 的 T_2 波谱是左右连续的双峰态，右峰比左峰小很多，几乎看不到凸起，左峰占主导地位，说明这些样品的孔隙以微孔为主。样品在离心后，其 T_2 波谱峰与离心前(饱水)没有明显的变化，说明页岩岩样的孔隙的连通性差，导致束缚在孔隙里面的水无法通过离心实验排出，原因是这些样品的孔隙以连通性差的微孔为主。

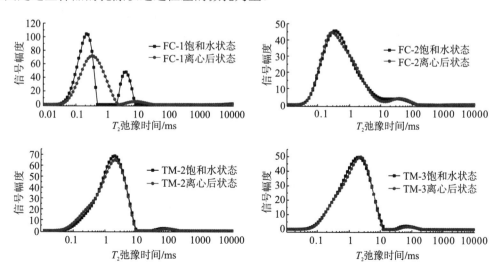

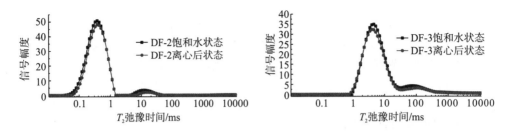

图 1.11   三口试验井的 6 个页岩 T_2 波谱图

采集样品的信号量,并反演,将反演后的峰面积代入已知标线,计算出样品的孔隙度,见表 1.15。

表 1.15   岩心孔隙度核磁法测试结果

样品状态	样品名称	来样编号	采样深度/m	体积/cm³	孔隙度/%
饱水	2015-yy148	FC-1	2461.11	22.064	1.812
	2015-yy149	FC-2	2518.99	23.580	1.218
	2015-yy436	TM-2	1442.08	17.751	2.103
	2015-yy437	TM-3	1459.22	15.73	1.989
	2015-yy464	DF-2	996.14	19.037	0.962
	2015-yy465	DF-3	1021.2	24.21	0.637
离心	2015-yy148	FC-1	2461.11	22.064	1.576
	2015-yy149	FC-2	2518.99	23.580	1.206
	2015-yy436	TM-2	1442.08	17.751	2.063
	2015-yy437	TM-3	1459.22	15.73	1.908
	2015-yy464	DF-2	996.14	19.037	0.831
	2015-yy465	DF-3	1021.2	24.21	0.589

注:测试单位为贵州省煤田地质局实验室。

从表 1.15 可以看到贵州牛蹄塘组页岩的体积从饱水到离心变化不大,孔隙度饱水时明显比离心后变大,这可能是因为贵州牛蹄塘组页岩脆性矿物含量普遍较高,饱水时由于水分子的膨胀性导致页岩开裂,从而增加了页岩的孔隙度。

核磁共振可以测量样品的孔喉和孔径分布。对于孔隙中的流体,有三种不同的弛豫机制:自由弛豫、表面弛豫和扩散弛豫。可表示为:

$$\frac{1}{T_2} = \frac{1}{T_{2自由}} + \frac{1}{T_{2饱和}} + \frac{1}{T_{2扩散}} \tag{1-2}$$

式中,T_2——通过 CPMG 序列采集的孔隙流体的横向弛豫时间;

$T_{2自由}$——在足够大的容器中(大到容器影响可忽略不计)孔隙流体的横向弛豫时间;

$T_{2表面}$——表面弛豫引起的横向弛豫时间;

$T_{2扩散}$——磁场梯度下由扩散引起的孔隙流体的横向弛豫时间。

当采用短 TE 且孔隙只含饱和流体时,表面弛豫起主要作用,即 T_2 直接与孔隙尺寸成正比:

$$\frac{1}{T_2} \approx \frac{1}{T_{2\text{表面}}} = \rho_2 \left(\frac{S}{V} \right)_{\text{孔隙}} \tag{1-3}$$

式中，ρ_2——T_2 表面弛豫率；

$\left(\dfrac{S}{V} \right)_{\text{孔隙}}$——孔隙的比表面积。

因此 T_2 分布图实际上反映了孔隙尺寸的分布：孔隙小，T_2 小；孔隙大，T_2 大。所测得的孔径分布如图 1.12 所示。

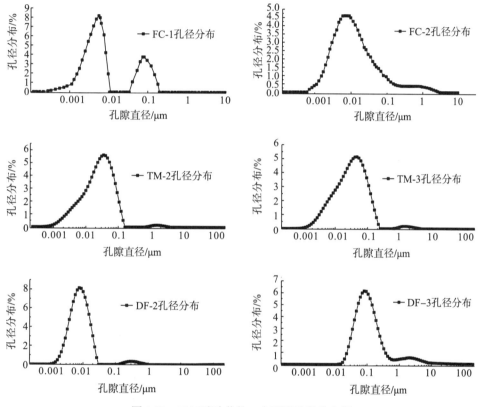

图 1.12　三口试验井的 6 个页岩孔径分布图

从图 1.12 可以看出，所得到的孔径分布图与 T_2 波谱的形状具有相似性。FC-1 的孔径分布主要集中在 1～10nm 和 100nm 左右；FC-2 的孔径分布主要分布在 1～1000nm；TM-2 的孔径分布主要集中在 1～300nm；TM-3 孔径分布主要集中在 1～400nm；DF-2 孔径分布主要集中在 1～50nm；在 100～1000nm 略有分布；DF-3 孔径分布主要集中在 1～100nm；在 100～5000nm 也存在一定的孔隙。从图形上的波峰来看，所测的 1～10nm 的孔径分布与液氮实验所测的孔径分布基本一致。由于液氮吸附没法测量大孔，所以测不出 100nm 的孔隙。100nm 以上孔隙的产生可能与样品在饱水过程中产生破裂有关，说明水力压裂会产生 100nm 以上的孔隙。FC-1 与 FC-2 的孔径分布峰值都在 8nm 左右，说明遵义凤冈地区页岩孔隙以微孔为主，这与液氮所测的孔径大致相同。TM-2 和 TM-3 的孔径分布峰值都在 60nm 左右，说明黔东南岑巩地区页岩孔隙以过渡孔为主，所测孔径分布与液氮测试存在区别，可能与过程中产生破裂有关。DF-2、DF-3 孔径分布峰值分别约在 10nm、100nm，说明黔西北大方页岩孔隙以微孔为主，这与液氮所测的孔径基本一致。

1.4 页岩气保存条件分析

在页岩气勘探开发和资源评价的过程中，发现生烃是页岩气的基础，一个良好的页岩储层是否具备高产的基础是页岩是否具有良好的生烃条件，但是仅仅具有生烃条件是远远不够的，良好的页岩气保存条件也是页岩气能否实现高产的关键，对于保存条件的研究在理论和实际勘探中都具有重要意义。在实际研究中对于页岩气保存条件的研究更多在于页岩气的储层上面，而页岩储层比较重要的地方就是构造运动和岩浆活动，这两者对页岩储层的影响十分重大。贵州页岩气储量巨大，特别是贵州牛蹄塘组页岩厚度大，有机质含量高，分布广泛，且有机质处于强烈的演化阶段，具有良好的页岩气开发前景[13]，但是由于贵州处在强烈的地质构造带上，遭受过多期次的构造运动，导致贵州页岩气的保存条件受到破坏，使得页岩气的勘探开发困难重重。

1.4.1 保气条件分析

页岩气藏对于圈闭和盖层条件的要求相对于常规气藏而言要求较低。牛蹄塘组总体为开阔陆棚沉积模式，基地隆拗期间，沉积了以浅水陆棚亚相泥质粉砂棚微相为主的浅色碎屑岩系和硅质碳质泥棚微相为主的黑色碎屑岩系。构造运动造成地层的抬升剥蚀、断裂，对页岩气保存条件的破坏性表现为盖层的破坏及断层的封闭性降低，对页岩气而言影响深远。我国页岩普遍具有有机质丰富、较高的有机质成熟度及后期储层改造强度高的特点，页岩普遍位于 3500m 以下，由于埋深较大，导致其承受的压力也随之变大，异常高的压力使得页岩储层更加致密，页岩气储集条件良好。

燕山期为大型内陆盆地环境，燕山运动造就了贵州现在主要构造行迹。境内新生代喜马拉雅构造运动表现明显，使得早期褶皱形成了复杂型叠加褶皱，早期断裂发生继承性再次活动。王钟堂[14]认为在中晚中生代燕山期，贵州境内多条区域断层的运动性质、位移方向发生变化，断层的多期活动起到了应力释放和调整作用，再加上各块体地质结构的不均性与软弱层的滑脱作用，导致不同区块内发生了不同的构造叠加作用，形成了不同的褶皱样式和构造。

黔北褶皱带与武陵复杂褶皱带构造叠加方式基本相同，但晚期的左行剪切作用更加强烈，主体构造格局形成并定型于中晚燕山期以来的造山活动。

裂缝形成与构造演化密不可分，在构造运动的不同阶段，随着构造的形成与发展，会形成不同的构造裂缝。贵州地区在经历多期运动的影响下，尤其是在燕山运动强力的挤压和拉伸下，页岩气储层裂缝发生不同程度的改变。

通过对黔北地区几口井牛蹄塘组及相邻参数井地层中的页岩裂缝观测，发现缝面平直，方解石、黄铁矿等充填。方解石充填裂缝，研究区较为发育，野外露头、井下岩心及显微镜下均可见。

燕山期形成滑脱构造较为强烈，对页岩气的储层产生高角度破坏，这对页岩气的保存是不利的。在滑脱层背景下,牛蹄塘组受到滑脱构造控制,页岩气保存条件受到破坏,发生横向和纵向逸散。

　　贵州经历多期次构造运动,断层发育,构造复杂,古生界地层裸露程度高,构造保存是影响牛蹄塘组页岩气富集的主控因素。该区牛蹄塘组整体上经历了燕山运动构造改造,加上牛蹄塘组本身脆性矿物含量高,在燕山期构造应力集中的部位很容易形成高角度裂缝。强烈的构造运动和多期次的叠加,使该地区断裂具有较高的开启程度,热液矿床沿大断层上升,将牛蹄塘组的烃类液体或气体带走,热液矿床附近保存条件差,对页岩气保存相当不利。

　　黔北凤冈地区大地构造位置位于上扬子地台区东部,构造演化与扬子地台的区域构造演化具有一致性。该地区的演化过程经历了雪峰运动期(Z)、早-中加里东时期(Є-O)、晚加里东时期(S)、海西期(D-C)、印支期、燕山期和喜马拉雅期多期构造运动。研究区位于扬子地台黔北台地隆起遵义断凸凤冈北北方向构造变形区,受到北西部党湾断裂,南东部峰岩断裂、桃坪断裂等主要区域性断裂控制,区内沉积环境属于浅水—深水陆棚沉积过渡区;区域发育北东向、近南北向二期次23条逆断层,北东向形成晚于近南北向。从构造演化来看,燕山早期受东西向挤压影响,形成了近南北向褶皱及伴生的挤压断层;晚期应力转为北西南东向,形成了北东向褶皱和断层,并切割改造了南北向构造。黔北凤冈地区区域地质如图1.13所示。

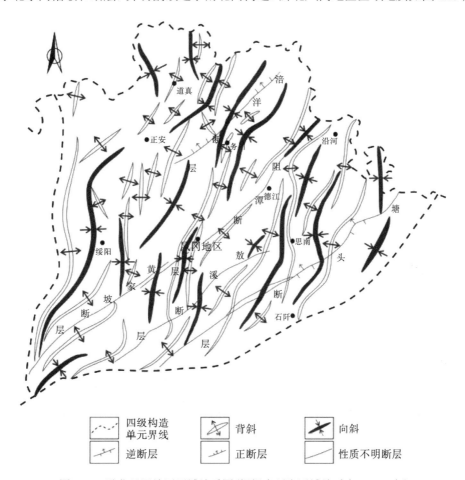

图 1.13　黔北凤冈地区区域地质图(根据贵州省区域地质志,1987年)

岑巩区块位于扬子地块东南部边缘地理位置位于铜仁的江口、万山和黔东南州岑巩县境内(图 1.14),区块面积 914.633km²。研究区牛蹄塘组页岩埋深主体位于 1200~2200m,在区内发育稳定,厚度变化为 50~70m。结合区域资料综合分析,研究区牛蹄塘地层主要为深水陆棚沉积,海水自西北向东南逐渐加深。构造上属于扬子区—江南区之间的过渡区,构造演化复杂,以逆断层为主,走向多为北东向—北北东向,部分走滑断层为近东西向。研究区东西两侧逆冲断层发育,地层破碎,中部地层较稳定,产状平缓,发育浅层断层,断距、延伸长度不大,部分断穿杷榔组,顶板保存条件较好。研究区主要受民和断裂、半溪背斜、长冲向斜、水尾断裂、道盏坪断裂、小堡背斜、农场坪断裂、官寨向斜和水银场断裂控制。研究区页岩经历了强烈的热演化过程,热演化程度普遍较高,岩心断面出现了炭化现象,岩心破碎、揉皱发育,表明有机质经历了强演化过程,达到生干气阶段(图 1.15)。

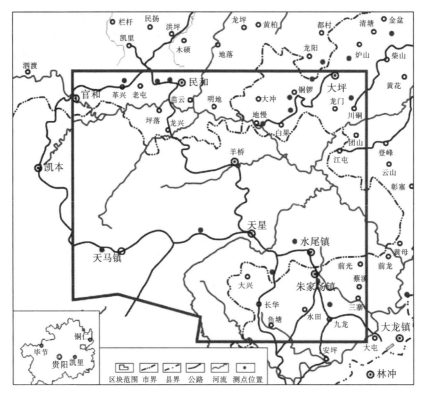

图 1.14 岑巩页岩气区块地理位置

(a) 岩心断面碳化现象

(b) 岩心破碎、揉皱发育

图 1.15 天马 1 井岩心照片

黔西北大方由于地质资料缺乏，其区域地质构造特征不做介绍。

由于贵州遭受了多期次的构造运动，所以裂隙非常发育。从岩心取心照片及过程可以看到，该井裂缝较为发育，不同缝之间相互穿插，主要为横裂缝、纵裂缝和部分孔、洞。岩心方解石充填明显，进一步说明了该地区经历了强烈的地质运动。裂缝按受力分为张性裂缝和剪切裂缝，按张开的角度分为低角度裂缝、水平裂缝和高角度裂缝。但是要注意的是一旦页岩的高角度裂缝过分发育，沟通地表，极易使页岩气通过裂缝到达地面，使页岩气的含气性变差，从而使页岩气的开发潜力降低。裂缝的形成与构造运动密不可分，贵州地区牛蹄塘组页岩在达到生气高峰后，受加里东运动影响，停止生气，后期受燕山运动和喜马拉雅运动作用，地层幅度大抬升，形成断裂和裂缝，页岩储层受到破坏，页岩气从裂缝中逸散。岩石矿物成分是影响裂缝发育的内在影响因素，贵州地区牛蹄塘组页岩石英含量普遍很高，容易形成天然裂缝，有利于后期的储层改造。

裂缝的形成与构造演化相互关联，在构造演化的不同阶段，随着构造的形成与发展，会形成不同类型的构造裂缝。对贵州下寒武牛蹄塘组的 FC1 井、YY1 井、XY2 井、TM1 井及相邻的参数井地层的页岩裂缝观测(图 1.16)，发现裂缝以水平裂缝为主，方解石、黄铁矿等充填明显。早期以高角度缝和垂直缝为主，后期高角度缝、低角度缝均可见，泥质充填或未充填[15]。

(a) FC1井

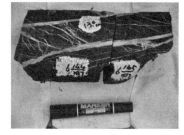

(b) YY1井

(c) XY2井

(d) TM1井

图 1.16 风参 1 井及邻井岩心特征

1.4.2 页岩气井高含氮分析

页岩气的主要成分是甲烷等可燃烧气体。根据大量钻探显示，SY-1 井、ZY-1 井、MY-1 井等现场解析 N_2 和 H_2(已排除空气组分)含量也异常高，而 CH_4 等烃类气体含量较低，统计周边牛蹄塘组钻井 15 口，10 口 N_2 含量大于 80%，占 70%(图 1.17)，反映 CH_4 含量低，N_2 含量高具有一定区域普遍性。

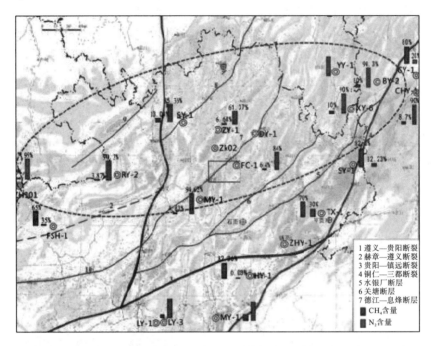

图 1.17 N_2 异常含量范围分布图(据贵州省页岩气资源调查评价报告，2013 年)

1)C 同位素分析

氮是天然气中常见的非烃气体成分，气藏氮的形成与烃类气藏一样需要生、储、盖条件的组合及运移。天然气中氮的主要来源有地球深部氮的运移和沉积物中有机与无机成因氮的释放[16]，包括大气来源、烃源岩有机质的生物降解或热分解成因、沉积岩含氮矿物的高温热解成因、地壳深部和上地幔来源和放射性来源等。来源的机理与沉积盆地的构造特征、热演化史以及相应的流体运移过程密切相关。一般情况下，高含量的氮气与无机成因有关。

为了研究氮气的来源，选择氮含量高的 FC1 井作为对象，对其进行了 C 和 N 的同位素分析。通过对 CH_4、CO_2 的 C 同位素分析，CH_4 的 $\delta^{13}C_1$ 分布在-43.9‰～-46.1‰，平均值为-45.5‰，$\delta^{13}CO_2$ 分布在-16.3‰～-12.6‰，平均值为-14.1‰。不同类型的 CO_2 具有不同的 $\delta^{13}C_1$ 值分布，有机成因的 $\delta^{13}CO_2$ 值一般小于 10‰，而有机成因的 $\delta^{13}CO_2$ 值主要介于-8‰～3‰。通过 $\delta^{13}CO_2$ 与 $\delta^{13}CO_1$ 关系图可以看出，CH_4 属于有机成因原油热裂解气，CO_2 是有机质热转化过程中形成的。

2)高含氮气井解剖

位于黔北地区的 FC1 井甲烷含量平均只有 5%，氮气含量高达 95%，牛蹄塘组钻遇 1.5m 方解石充填破碎带(图 1.18)，岩心炭化，被方解石包围，通过对 FC1 井综合分析，具有以下几个特点：①TOC 高，演化程度高，炭化和沥青化；②硅质成分高，黏土矿物低，吸附介质主要以有机质为主；③牛蹄塘组发育沟通深部的断裂，破碎带热液方解石充填，含气量高，但以氮气为主。与周围的高氮气井相比，均可发现岩心方解石充填裂缝发育，有一定揉皱和破碎。综合分析高氮气含量的钻井的共同点为岩心普遍发育热液方解石充填裂缝和破碎带，因此认为牛蹄塘组 N_2 含量高与后期岩浆热液活动顺断层带入有关。

图 1.18　FC1 井页岩破碎带岩心及方解石充填特征图(2471.0～2473.5m)

3)热液矿床及包裹体分析

震旦纪、寒武纪时期，黔北地区发现古热液喷口，沿深大断裂发生多期次海底火山喷溢和侵入活动，深部热源物质上涌，与地表水、地下水和海水一起形成具一定温度的热卤水，进行热水循环或热水活动。热卤水在流动过程中，大量溶解元古代武陵期基性-超基性岩物质中的有用元素，进一步形成含矿热卤水，这种含矿热卤水是黑色岩系多金属元素的直接来源。早在寒武纪以前，研究区就发现了一系列深大断裂并长期活动。早寒武世早期，研究区沿深大断裂发生较强的海底火山喷溢和侵入活动，发现古热液喷口，提供大量的"热源"和成矿物质[17]。东吴运动时期，岩石圈断陷达到了上地幔，除了有玄武岩大量喷发外，还有大量同源辉绿岩床和岩墙侵入。在岩浆的侵入区，黔北下寒武统牛蹄塘组页岩气藏保存条件遭到了极大的破坏[18]。据贵州地质资料记载，燕山期构造运动是所有构造运动中最强烈的一次[19]，该时期存在强大的转向力，在早晚期的应力转变状态下，贵州地区进入复杂的褶皱变形期，同时存在大量的火山喷发和岩浆活动，也是油气产生和相对逸散的时期。同时，燕山期的剧烈运动使该区域产生绝大部分的热液矿床，产生大量的硅质岩热液，经后期冷却形成厚度较大的有机和无机硅质混合的硅质岩[20]。黔北地区及邻区低温热液矿床相对发育，低温热液矿床是地幔物质沿着大断裂在上部地层形成的。成矿富集与断裂密切相关，因此为古保存条件分析提供了重要依据。

黔北下寒武统牛蹄塘组黑色页岩中元素的相对富集和亏损[21]也表明,在沉积的过程中可能由于深部热液的活动混入了这些元素。Co/Zn 比值可以作为区分热液来源和正常自生来源的敏感指标[22]。热液来源的 Co/Zn 比值较低，平均为 0.15[23]，而其他铁锰矿物一般在 2.5。研究区内 Co/Zn 比值平均为 0.12，显示热液成因特点。本区构造背景主要以被动大陆边缘为主，兼有活动大陆边缘和大陆岛弧的构造背景的性质。这种多相的构造背景与上述分析的深部热液活动的影响是密切相关的。

岩浆不仅对有机质有增熟作用，对气藏有破坏作用，而且对孔隙演化同样具有较大影响。有机质炭化可能是由于基底断裂沟通深部热液，引起局部地区热流值偏高并造成有机质热演化程度过高而形成的，这将导致烃类气体后期散失量远高于生烃量、页岩含气性变差[24]。岩浆发育区域次生气孔较为发育，同时同生矿物受到较为强烈的改造，黄铁矿等重结晶明显。岩浆作用的影响取决于岩浆岩与泥页岩储层相对关系。一般的，岩浆侵位位于泥页岩储层以深，且距离较远时，由于岩浆的底辟作用、顶蚀作用，顶挤围岩，使上覆岩层处于拉张状态，产生一系列张性断裂，同时，岩浆热促进储层演化。侵入体与页岩接触带受后生作用改造形成破碎带，产生大量后生裂缝。当裂缝与地表沟通时，除游离气散失外，吸附气一方面由于降压解吸变为游离气散失，另一方面因氮气和二氧化碳的混入，导致页岩气中非烃含量高、甲烷含量偏低。岩浆活动影响的储层，受岩浆侵入体形态影响，储层物性变化较大，孔缝分布极不均匀。由于岩浆活动导致页岩气的顶底板及自生条件发生变化，产生大量的裂缝，使页岩气的保存条件遭到破坏，这也是形成页岩气井高含氮的原因。

通过对矿床及围岩包裹体分析表明，围岩及矿床的包裹体类型不同，形成温度不同，成分不同。围岩中，包裹体主要有气态烃包裹体、沥青包裹体、液态烃包裹体。气态烃包裹体中，气态烃相占包裹体体积的 80%～100%，液相有的发暗蓝色荧光，占包裹体总数的 50%～60%。沥青包裹体主要由固体沥青组成，含少量气态烃或液态烃，占总数的 40%。液态烃包裹体由液态烃、气态烃组成，也见由液态烃、气态烃及固体沥青组成的包裹体，数量少，占 3%～5%。矿床中，包裹体主要为液体二氧化碳包裹体，数量较多，占包裹体总数的 30%～40%，个体大。

通过对热液矿床及包裹体分析认为，加里东期、燕山-喜马拉雅期构造活动强烈，多期次多旋回的叠加，使黔北地区断裂具有较高的开启程度，热液矿床沿大断层上升，将牛蹄塘组的烃类液体或气体带走，热液矿床附近保存条件差。

因此，可以认为，构造相对稳定、通天断层与储层高角度裂缝不发育、热液矿床不发育的古隆起区域为有利勘探方向。

第2章 贵州黔北页岩气吸附特性

2.1 页岩气吸附实验

2.1.1 实验方法与设备

1) 实验方法

目前,测定页岩气吸附量的方法主要有实验测定法、测井法和拟合生产井产气过程法三种方法。对于测定气体在页岩表面的吸附量最精确、最适宜的方法是实验测定法。根据测定原理的不同,实验法又分为重量法和容量法,重量法是指在恒定的温度下,利用吸附平衡前后页岩样品质量的变化来进行测量,气体吸附量为平衡前后页岩样品的质量之差;容量法是在恒定的温度下,通过测量吸附前后系统内的压力变化联合气体状态方程来计算气体吸附量[25]。实验过程中,重量法对测量天平的精度和灵敏度要求很高,微小质量变化可能不容易测得,同时要求对吸附剂在气相中的浮力进行校正,增加操作难度。相对而言,容量法操作简单,只需读取平衡前后的压力值,实验装置简单且精确度较高。因此,采用容量法对页岩样品进行吸附量测定。

2) 实验设备

实验采用美国比莱石油实验室技术有限公司生产的 GAI-100 型高精度高压气体等温吸附仪(图 2.1、图 2.2)进行实验测试。该仪器主要是针对页岩气和煤层气等温吸附特性的实验研究装置,能达到的试验压力和温度远高于国内外同类产品,工作压力可达到 10000psi(69MPa),压力传感器精度 0.05%,实验温度高达 350F(177℃),温度精度 0.1℃。该实验装置主要由供气系统、吸附系统、恒温系统和数据采集系统 4 部分组成。

(1) 供气系统:主要有气瓶、气动气体加压泵和空气压缩机组成。该系统可以达到的最高实验压力为 69MPa,气密性良好、安全系数高,能满足实验对压力的要求。

(2) 吸附系统:该系统主要由气体膨胀缸、样品缸组成。样品缸采用金属密封圈密封,气密性良好。连接气罐的管线和阀门均为不锈钢材料制成,最高可承受 69MPa 的压力。

(3) 恒温系统:该系统的主要部件是恒温油浴箱,其通过温度传感器与计算机相连,可实现数字式控制,灵敏度高。

(4) 数据采集系统:主要由高精度的压力传感器(精度为 0.05%)和温度传感器(精度为 0.1℃)组成。两个部件均与计算机相连,压力传感器用于监测膨胀缸与样品缸中的压力值,并且能够自动记录和储存;温度传感器用于监测恒温油浴的温度,以确保实验温度保持恒定。

图 2.1   GAI-100 高压型等温吸附仪实物图

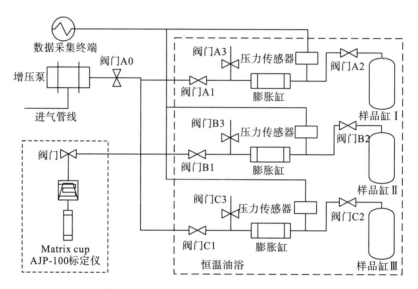

图 2.2   GAI-100 高压型等温吸附仪系统图

2.1.2   实验样品及其物性参数

实验样品是取自贵州省凤参 1#井和天马 1#井的两组黑色页岩，所采样品均属于下寒武统牛蹄塘组黑色有机质页岩，属海相沉积页岩。早寒武世时期，贵州区域及其周缘整体下沉，大部分地区演变为陆棚沉积环境，此时沉积古地貌呈现西北高、南东低的地势格局，从北西向东南分别以古陆、滨岸、浅水陆棚、深水陆棚、斜坡相为主[26]。贵州牛蹄塘组页岩主要位于该组地层的下部和中上部，其中下部为黑色高碳质页岩，中上部为黑色碳质页岩夹灰绿色砂质页岩，并且发育黄铁矿。

凤参 1#井位于贵州省遵义市凤冈县党湾乡，位置如图 2.3 所示，地面海拔为 664.00m，钻井地区大地构造位置位于上扬子地台区东部。由于受到多期次的构造运动的影响，钻井区褶皱、断裂发育，在燕山期造山运动的作用下，区内褶皱形态基本形成。钻井区处于受党湾断裂和桃坪断裂对冲行迹破坏的峰岩断背斜北东翼西南、东北为挤压形成的断鼻，井位位于中间的斜坡位置；受到北西部党湾断裂，南东部峰岩断裂、桃坪断裂等主要区域性断裂控制[27]。牛蹄塘组页岩主体埋深在 2443～2547m，预测厚度为 80m，主要为黑色碳质泥岩和含碳泥岩。

图 2.3　凤参 1# 井位置图

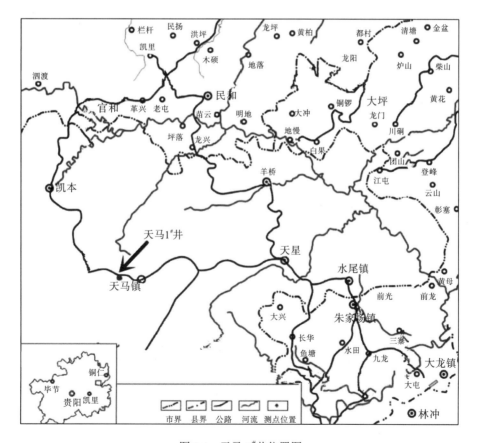

图 2.4　天马 1# 井位置图

天马 1# 井位于贵州省黔东南州岑巩县天马镇，位置如图 2.4 所示，地面海拔 895.92m。钻井地区大地构造位置位于上扬子地块东南缘地区，处于湘鄂西隔槽式褶皱带。构造运动特点主要表现为早期整体抬升，但是抬升的幅度较小，持续时间长，长期处于稳定状态；后期构造运动强烈，尤其是在燕山期，强烈的构造运动形成了大量的褶皱，主要为北北东向褶皱，同时也造成了钻井区断裂的大规模发育[28]。牛蹄塘组页岩层埋深为 1485～1564m，其厚度在 60m 左右，以黑色页岩和硅质页岩为主。

在进行等温吸附实验之前，利用碳硫分析仪、显微光度计、压汞仪、低温液氮吸附仪等实验仪器对所采页岩岩心[图 2.5(a)、(b)]进行有机碳含量(TOC)、镜质体反射率(R_o)、真相对密度、干酪根类型、孔隙结构特征等物性参数测试，结果见表 2.1。

表 2.1　样品物性参数

岩样编号	采样气井	采样深度/m	有机碳含量/%	镜质体反射率 R_o/%	真相对密度 ρ/(g/cm³)	BET 比表面积(m²/g)	平均孔直径/nm	单位质量总孔体积/(cm³/g)	孔隙率/%	干酪根类型
YY150	凤参 1#井	2518.99～2519.09	3.94	2.025	2.77	7.233	10.125	0.00979	0.5154	I 型
YY418	天马 1#井	1487.63～1488.13	5.97	2.631	2.69	20.652	3.8732	0.01006	0.4500	I 型

根据等温吸附实验要求制备实验样品。将样品先用破碎机破碎，再用 60 目和 80 目的筛子进行筛选，制得粒径为 60～80 目的页岩颗粒。为避免实验过程中的高压环境对样品结构破坏对实验测试结果造成影响，分别将凤参 1#井页岩和天马 1#井页岩所制得的样品颗粒各自充分混合，平均分成 9 份，实验中样品不重复使用，制备好的样品如图 2.5 中(c)和(d)所示。将制得的样品置于 85℃的烘干箱中烘干 12h，最后将样品保存在有干燥剂的密封器皿中，以备实验。

(a) 制备前凤参 1#井页岩岩心

(b) 制备前天马 1#井页岩岩心

(c) 制备完成后凤参 1#井粉状样品

(d) 制备完成后天马 1#井粉状样品

图 2.5　页岩样品图

2.1.3 吸附实验流程

1) 检验仪器气密性

由于氦气分子直径小于甲烷分子直径，比甲烷气体更容易泄漏，并且一般认为页岩对氦气不吸附，所以通常用高压氦气检测吸附系统的气密性。为了保证在最高试验压力时系统气密性仍良好，因此向系统中充入高于最高试验压力的高压氦气，连续观察 12h，若连接样品缸的各接口以及螺栓处没有气泡冒出，系统内压力基本保持稳定，则认为系统气密性良好，可以进行下一步实验；反之，则需要取出样品缸重新装入样品，再次检测系统的气密性。

2) 样品缸(含样品)自由空间体积标定

样品缸(含样品)自由空间体积通常也采用氦气来进行标定。自由空间体积指样品缸中游离气体所占空间体积，主要包括岩样颗粒之间的空隙、颗粒内部的空隙、样品缸中剩余体积、连接管和阀门内部空间体积。其标定原理是样品缸自由空间体积等于样品缸体积减去岩样骨架体积[29]。具体方法是先打开真空阀，利用真空泵抽真空 4h；再关闭真空泵，打开进气阀，向 AJP-100 型标定仪中充入氦气，直到压力达到 2～3MPa 后停止充入氦气，读取压力值(初始压力值)；最后关闭进气阀，打开标定仪与样品缸之间的隔离阀，待压力稳定后再次读取压力值(稳定压力值)，根据气体状态方程和物质守恒原理计算出样品缸的自由空间体积。反复标定 3～4 次取平均值，要求每两次之间的差值<0.1cm³。具体计算方法如下：

$$\frac{P_{标}V_{标}}{Z_1RT} = \frac{P_{稳}V_{标}}{Z_2RT} + \frac{P_{稳}V_{自由}}{Z_2RT} \tag{2-1}$$

式中，$P_{标}$——AJP-100 型标定仪中的初始压力，MPa；

$P_{稳}$——稳定后膨胀缸和样品缸中的压力，MPa；

R——理想气体常数，一般取 8.3144J/(mol·K)；

T——实验温度，K；

$V_{标}$——AJP-100 型标定仪的空白体积，cm³；

$V_{自由}$——样品缸(含样品)自由空间体积，cm³；

Z_1、Z_2——分别为温度 T 时，对应压力 $P_{标}$、$P_{稳}$ 下气体的压缩因子，无量纲。

3) 吸附实验操作流程

参考煤的高压等温吸附测定行业标准(SY/T 6132—2013)分别进行页岩对 CH_4、N_2 和 CO_2 等温吸附实验，具体操作步骤如下：

(1) 将制备好的实验样品装入样品缸中；

(2) 检验装置气密性；

(3) 打开真空阀，启动真空泵，对吸附系统抽真空 4h；

(4) 关闭真空泵，利用氦气进行样品缸(含样品)自由空间体积标定；

(5)再次对吸附系统抽真空，步骤同(3)；

(6)关闭阀门 A0、A1，打开阀门 A2、A3，系统向外排气 25s；

(7)关闭阀门 A2、A3，打开阀门 A0、A1，向膨胀缸内充入纯度为 99.99%的吸附质气体，直到压力达到实验设置压力值时停止充气，压力稳定后记录膨胀缸中的压力值；

(8)关闭阀门 A0、A1，打开阀门膨胀缸与样品缸之间的隔离阀门 A2，让膨胀缸中的气体进入样品缸中，吸附平衡 12h，压力稳定后记录膨胀缸和样品缸中的压力值；

(9)重复步骤(7)、(8)，直到记录完所有实验数据为止。

A0、A1、A2、A3 阀门如图 2.2 所示。

2.1.4　吸附量计算及结果

在某一恒定温度下，气体在页岩表面发生吸附行为，在不同压力点吸附平衡，吸附量可根据平衡前后物质守恒的原理和气体状态方程求得。第一次吸附平衡后记录平衡压力为 P_1'，气体在该压力下的吸附量可由公式(2-2)计算：

$$n_1 = \frac{P_1 V_a}{Z_1 RT} - \frac{P_1'(V_a + V_b)}{Z_1' RT} \tag{2-2}$$

式中，n_1——第一次吸附平衡时，对应压力下的气体吸附量，mol；

　　　　V_a——膨胀缸的体积，cm³；

　　　　V_b——样品缸(含样品)的自由空间体积，cm³；

　　　　P_1——第一次充气后，膨胀缸中的压力值，MPa；

　　　　P_1'——第一次吸附平衡时，膨胀缸与样品缸中的压力值，MPa；

　　　　Z_1——温度 T 时，压力 P_1 对应的压缩因子，无量纲；

　　　　Z_1'——温度 T 时，压力 P_1' 对应的压缩因子，无量纲。

第 i 次达到平衡状态时：

$$\Delta n_i = \frac{p_i V_a}{Z_i RT} + \frac{p_{i-1}' V_b}{Z_{i-1}' RT} - \frac{p_i'(V_a + V_b)}{Z_i' RT} \tag{2-3}$$

式中，Δn_i——第 i 次吸附平衡时，气体吸附量增量，mol；

　　　　P_i——第 i 次充气后，膨胀缸中压力值，MPa；

　　　　P_i'——第 i 次吸附平衡时，膨胀缸与样品缸中的压力值，MPa；

　　　　P_{i-1}'——第 i-1 次吸附平衡时，膨胀缸与样品缸中的压力值，MPa；

　　　　Z_i——温度 T 时，压力 P_i 对应的压缩因子，无量纲；

　　　　Z_i'——温度 T 时，压力 P_i' 对应的压缩因子，无量纲；

　　　　Z_{i-1}'——温度 T 时，压力 P_{i-1}' 对应的压缩因子，无量纲。

第 n 次吸附平衡后，样品对气体的累计吸附量可由下式计算得到：

$$n_n = n_1 + \sum_{i=2}^{n} \Delta n_i \tag{2-4}$$

式中，Δn_i——第 i 次吸附平衡后页岩对气体的吸附量增量，mol/g。

利用公式将样品对气体的累计摩尔吸附量转化为累计体积吸附量，计算公式如下：

$$V_n = \frac{n_n \times 22.4 \times 1000}{G_c}$$ (2-5)

式中，V_n——单位质量样品对气体的累计体积吸附量，cm^3/g；

$\quad\quad G_c$——样品质量，g。

2.2 等温吸附实验结果分析

根据我国页岩气的富集深度(1000～3500m)，地层压力为 10～35MPa，因此设定 CH_4 和 N_2 等温吸附实验压力范围为 0～35MPa。考虑到 CO_2 气体的临界条件(临界温度为 31.26℃、临界压力为 7.35MPa)，温度低于临界温度和压力超过临界压力时 CO_2 气体将会开始出现液化现象。由于实验室的加压泵处于常温之中，实验压力过高会导致 CO_2 气体在加压泵中液化，无法将气体送入吸附缸中。所以在实验中，需保证 CO_2 气体在全部液化之前尽可能地向吸附缸中泵入 CO_2 气体，最终实现最高压力达到 18MPa 左右。因此，设定 CH_4 和 N_2 的实验压力范围为 0～35MPa，CO_2 气体吸附实验压力范围为 0～18MPa。

等温吸附实验主要包括：50℃、60℃、80℃时，0～35MPa 压力范围内 CH_4、N_2 以及 0～18MPa 压力范围内 CO_2 气体在凤参 1# 井和天马 1# 井页岩样品中的吸附量测试。

吸附是指发生于两相界面，异相分子或离子在多孔介质表面剩余力场的作用在其表面大量累积的行为，其实质为两相之间质的传递[30]。根据吸附相分子与吸附剂分子之间结合力的属性将吸附现象分为物理吸附和化学吸附，若两相分子间的结合力为化学键，则称为化学吸附；若为范德瓦尔斯力，则称为物理吸附。结合力的性质决定了吸附在多孔介质表面的吸附质解吸的难易程度，由于化学键具有较强的作用，发生化学吸附时吸附质很难从吸附剂表面解吸，然而范德瓦尔斯力的作用较弱，发生物理吸附的吸附质很容易挣脱束缚从吸附剂表面解吸出来。吸附和解吸是同时进行的两个可逆行为，在一定温度和压力条件下，吸附速率与解吸速率相等，达到吸附平衡状态。

在气固吸附现象的研究中，最大吸附量是表征吸附能力的一个基本参数，绘制等温吸附曲线(吸附量与压力的关系曲线)是一种表征吸附性能的常用方法。不同形态的等温吸附线反映不同的吸附机理，反映吸附剂与吸附质分子之间的相互作用，所以分析吸附等温线的特征是研究气固吸附特性的重要方法。目前已广泛用于煤层气和页岩气吸附解吸特性研究当中。本节将根据等温吸附实验实测吸附量，绘制不同实验条件下不同气体的等温吸附线，分析气体吸附量随压力、温度的变化规律及页岩对不同吸附质气体的吸附规律。

2.2.1 CH_4 实验结果分析

1)实验结果

CH_4 等温吸附量测试结果见表 2.2～表 2.4。

表 2.2　50℃时凤参 1#井和天马 1#井页岩在不同压力下的 CH4 吸附量

温度/℃	凤参 1#井页岩样品		天马 1#井页岩样品	
	平衡压力/MPa	吸附量/(cm³/g)	平衡压力/MPa	吸附量/(cm³/g)
	0	0	0	0
	2.57567	1.54244	2.56455	1.94565
	4.61821	1.91105	4.76627	2.30288
	6.40397	2.26222	6.41044	2.59500
50	9.04446	2.33380	9.05041	2.70628
	13.90995	2.22481	13.91945	2.60342
	18.48566	2.06217	18.43111	2.48036
	25.98073	1.88516	26.1876	2.23450
	32.69507	1.71182	35.90726	1.91748

表 2.3　60℃时凤参 1#井和天马 1#井页岩在不同压力下的 CH4 吸附量

温度/℃	凤参 1#井页岩样品		天马 1#井页岩样品	
	平衡压力/MPa	吸附量/(cm³/g)	平衡压力/MPa	吸附量/(cm³/g)
	0	0	0	0
	2.65771	1.44384	3.04690	1.54031
	4.95203	1.75644	5.54707	1.96024
	6.71925	1.99475	7.36577	2.15462
60	9.21988	2.10142	9.53076	2.26998
	13.00176	2.01449	13.07478	2.26677
	18.36169	1.85067	18.40550	2.11610
	25.11269	1.65237	25.10784	1.83686
	32.90021	1.422994	33.06222	1.551532

表 2.4　80℃时凤参 1#井和天马 1#井页岩在不同压力下的 CH4 吸附量

温度/℃	凤参 1#井页岩样品		天马 1#井页岩样品	
	平衡压力/MPa	吸附量/(cm³/g)	平衡压力/MPa	吸附量/(cm³/g)
	0	0	0	0
	2.80018	1.25010	2.37379	1.03033
	4.57303	1.52821	4.28474	1.43645
	6.65220	1.66830	6.52630	1.64302
80	9.46640	1.77204	9.04840	1.81794
	13.24977	1.70749	12.9495	1.76614
	18.68841	1.54177	18.45862	1.60543
	25.87601	1.28979	25.73574	1.24244
	34.47666	1.02173	34.18214	1.04019

2)结果分析

　　通过高温高压等温吸附实验分别测得凤参 1#井样品(YY150)和天马 1#井样品(YY418)在 50℃、60℃和 80℃时对 CH4 的吸附量,并根据实测吸附量绘制等温吸附曲线,如图 2.6 所示。

由图 2.6 可知，YY150 和 YY418 两组样品的等温吸附曲线形态基本一致，曲线都存在两个明显的拐点，拐点对应的平衡压力分别约为 3MPa 和 9MPa，表明 CH₄ 在页岩样品中的吸附量随压力呈阶段性变化，在低压阶段，页岩对 CH₄ 的等温吸附曲线为一条随压力升高而上升的曲线；0～3MPa，吸附量随压力的升高呈线性增大，此阶段吸附量增大的速度较快；3～9MPa，吸附量随压力升高逐渐增大并达到最大值，此阶段吸附量增大的速度逐渐减缓；曲线峰值出现后，吸附量随压力的升高呈减小趋势。在 CH₄ 吸附量达到最大值前吸附曲线的形态与 I 型吸附曲线相似，当压力升高到一定值（实验中为 9MPa 左右）时，吸附曲线出现明显的峰值，CH₄ 吸附量达到最大。从实测等温吸附曲线的整体形态可知：高压条件下 CH₄ 在页岩中的吸附特性与低压下的典型的 I 型吸附曲线特性有明显差异，在这一点上，Wei Xiong[31] 等人通过超临界条件下的等温吸附实验也得到了同样的结论。

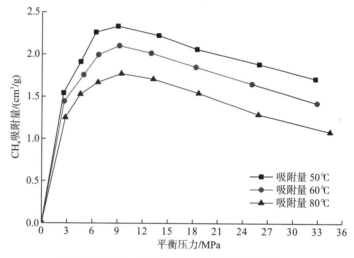

(a) 不同温度下 CH₄ 在凤参 1# 井号页岩中的实测等温吸附曲线

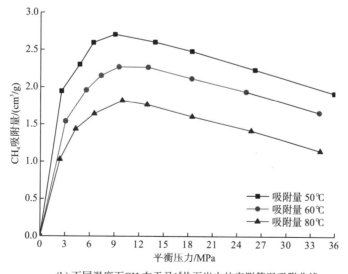

(b) 不同温度下 CH₄ 在天马 1# 井页岩中的实测等温吸附曲线

图 2.6　不同温度 CH₄ 在下页岩样品中的实测等温吸附曲线

从图 2.6 中可以看出，温度对 CH_4 在页岩中吸附量的影响非常显著。温度与吸附量之间呈负相关关系，随着温度的升高，CH_4 吸附量之间的大小关系为：50℃>60℃>80℃，并且 50℃ 与 60℃ 之间的吸附量之差小于 60℃ 与 80℃ 之间的吸附量之差。表明温度越高 CH_4 吸附量越小，并且温差越大吸附量之差越大。图中曲线的整体趋势表明曲线峰值出现的早晚与温度有一定关系。50℃时，凤参 1# 井页岩和天马 1# 井页岩样品分别在平衡压力为 9.0446MPa 和 9.05041MPa 时吸附量达到最大，60℃时，分别在平衡压力为 9.21988MPa 和 9.53076MPa 时吸附量达到最大，出现曲线峰值；80℃时，分别在平衡压力为 9.4664MPa 和 9.9484MPa 时吸附量达到最大，出现曲线峰值。表明同一页岩样品在更高的温度下最大吸附量对应的平衡压力略大，等温吸附曲线峰值出现得越晚。

2.2.2　N_2 实验结果分析

1) 实验结果

N_2 吸附量测试结果见表 2.5～表 2.7。

表 2.5　50℃时凤参 1# 井和天马 1# 井页岩在不同压力下的 N_2 吸附量

温度/℃	凤参 1# 井页岩样品		天马 1# 井页岩样品	
	平衡压力/MPa	吸附量/(cm^3/g)	平衡压力/MPa	吸附量/(cm^3/g)
	0	0	0	0
	2.07442	0.83641	1.99621	0.92484
	3.94857	1.17491	4.32379	1.47455
	6.64922	1.39602	6.50533	1.75559
50	9.58045	1.56192	9.13322	1.95177
	13.02898	1.59929	13.06122	2.04883
	18.78271	1.52660	18.63616	1.96702
	25.97959	1.33373	26.20129	1.75318
	34.47937	1.163343	34.48103	1.54697

表 2.6　60℃时凤参 1# 井和天马 1# 井页岩在不同压力下的 N_2 吸附量

温度/℃	凤参 1# 井页岩样品		天马 1# 井页岩样品	
	平衡压力/MPa	吸附量/(cm^3/g)	平衡压力/MPa	吸附量/(cm^3/g)
	0	0	0	0
	2.32239	0.43346	2.41593	0.62806
	4.02771	0.82818	4.91633	1.00815
	6.82989	1.06218	7.33526	1.27703
60	9.03564	1.14188	9.40929	1.47426
	13.54952	1.15325	13.32217	1.61682
	18.77448	1.10533	18.83441	1.57550
	25.92742	0.94781	26.09364	1.38642
	34.49891	0.741556	34.68575	1.16409

表 2.7　80℃时凤参 1#井和天马 1#井页岩在不同压力下的 N₂ 吸附量

温度/℃	凤参 1#井页岩样品		天马 1#井页岩样品	
	平衡压力/MPa	吸附量/(cm³/g)	平衡压力/MPa	吸附量/(cm³/g)
	0	0	0	0
	1.55166	0.1904	1.59306	0.25911
	2.97484	0.41951	3.11135	0.59488
	5.12623	0.61107	5.39494	0.89058
80	8.85701	0.73923	8.90871	1.03030
	13.82001	0.76816	13.44972	1.15035
	16.77523	0.68919	16.65373	1.09899
	24.48353	0.48357	24.49719	0.91677
	34.06827	0.28944	34.02052	0.64136

2) 结果分析

凤参 1#井页岩和天马 1#井页岩样品在 50℃、60℃和 80℃时对 N₂ 的吸附量及实测等温吸附曲线如图 2.7 所示。

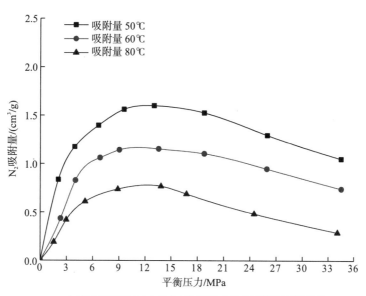

(a) 不同温度下 N₂ 在凤参 1#井页岩中的实测等温吸附曲线

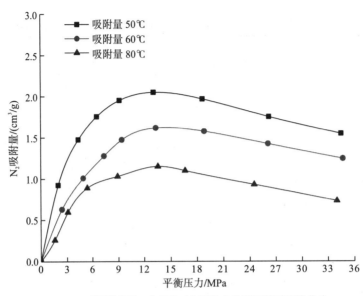

(b) 不同温度下N₂在天马1#井页岩中的实测等温吸附曲线

图 2.7   不同温度下 N₂ 在页岩样品中的实测等温吸附曲线

由图 2.7 可知，N_2 的实测等温吸附曲线与 CH_4 的实测等温吸附曲线基本相似，曲线在平衡压力为 3MPa 和 13MPa 附近出现明显拐点。达到最大吸附量之前，吸附曲线特征与 I 型吸附曲线特征相似；0～3MPa，N_2 吸附量随压力呈线性变化，吸附量快速上升；3～13MPa，吸附量随压力的升高缓慢上升，曲线斜率呈逐渐减小的趋势，表明吸附量增大的速度逐渐减小；约 13MPa 以后，吸附量随压力的升高呈缓直线下降趋势。N_2 吸附量的变化方向与温度的变化方向相反，吸附量的大小关系为：50℃>60℃>80℃，且 50℃与 60℃之间的吸附量差值小于 60℃与 80℃之间的吸附量差值。50℃时，凤参 1#井页岩和天马 1#井页岩样品分别在平衡压力为 13.02898MPa 和 13.0612MPa 处吸附量达到最大值，出现曲线峰值；60℃时，分别在平衡压力 13.5492MPa 和 13.32217MPa 处吸附量达到最大值，出现曲线峰值；80℃时，分别在平衡压力 13.8200MPa 和 13.44972MPa 处吸附量达到最大值，出现曲线峰值。

2.2.3 CO_2 实验结果分析

1) 实验结果

CO_2 吸附量测试结果见表 2.8～表 2.10。

表 2.8   50℃时凤参 1#井和天马 1#井页岩在不同压力下的 CO_2 吸附量

温度/℃	凤参 1#井页岩样品		天马 1#井页岩样品	
	平衡压力/MPa	吸附量/(cm³/g)	平衡压力/MPa	吸附量/(cm³/g)
50	0	0	0	0
	0.72334	2.18744	0.62324	1.98744

续表

温度/℃	凤参 1#井页岩样品		天马 1#井页岩样品	
	平衡压力/MPa	吸附量/(cm³/g)	平衡压力/MPa	吸附量/(cm³/g)
	1.96179	2.68852	1.88044	2.96214
	4.19932	3.29147	4.14983	3.59065
	7.02418	3.35141	6.87143	3.63691
	9.56759	3.21875	9.65293	3.50605
	11.35487	3.10480	11.44056	3.33690
	15.02450	2.92185	13.88532	3.11281

表 2.9　60℃时凤参 1#井和天马 1#井页岩在不同压力下的 CO_2 吸附量

温度/℃	凤参 1#井页岩样品		天马 1#井页岩样品	
	平衡压力/MPa	吸附量/(cm³/g)	平衡压力/MPa	吸附量/(cm³/g)
	0	0	0	0
	0.63767	1.54535	0.83235	1.63563
	1.7168	2.23787	1.95078	2.23684
60	4.25896	2.76759	4.05196	2.85553
	6.79126	2.88182	6.85765	3.12300
	9.64641	2.76153	9.58679	2.98473
	12.72618	2.57310	12.55119	2.81263
	16.19678	2.44232	15.81849	2.66680

表 2.10　80℃时凤参 1#井和天马 1#井页岩在不同压力下的 CO_2 吸附量

温度/℃	凤参 1#井页岩样品		天马 1#井页岩样品	
	平衡压力/MPa	吸附量/(cm³/g)	平衡压力/MPa	吸附量/(cm³/g)
	0	0	0	0
	0.84574	1.04365	0.93436	1.21585
	2.35168	2.02557	2.27589	1.97851
80	4.25018	2.35892	4.21712	2.4083
	6.82997	2.41232	6.59156	2.57051
	9.40015	2.32847	9.35198	2.43855
	13.60499	2.13208	13.49275	2.25508
	17.49777	1.84151	17.45623	2.00148

2) 结果分析

50℃、60℃和 80℃时，CO_2 气体在凤参 1#井和天马 1#井页岩样品中的实测等温吸附曲线如图 2.8 所示。

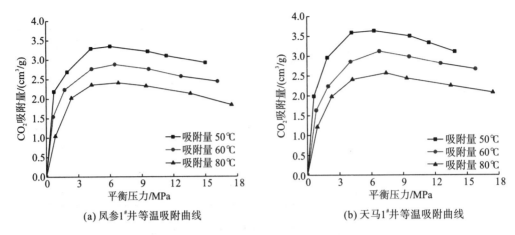

图2.8   不同温度下CO_2在页岩样品中的实测等温吸附曲线

由图2.8可知，CO_2实测等温吸附曲线整体上与CH_4和N_2相似，6~7MPa时出现曲线峰值，吸附量随压力呈阶段性变化，随压力升高先增大后减小，最大吸附量出现在6~7MPa。达到最大吸附量之前，吸附曲线特征与I型吸附曲线特征相似；0~1.5MPa，吸附量随压力的升高快速增大；在1.5MPa至最大吸附量对应压力值之间，CO_2吸附量随压力的升高缓慢增大，且吸附量增大的速度逐渐降低；在曲线峰值出现以后，吸附量与压力的变化方向相反，呈负相关关系。温度越高CO_2的吸附量越低，吸附量大小关系为：50℃>60℃>80℃。50℃时，凤参1#井页岩和天马1#井页岩样品分别在平衡压力为6.02418MPa和6.27143MPa处吸附量达到最大值，出现曲线峰值；60℃时，分别在平衡压力6.49126MPa和6.75765MPa处吸附量达到最大值，出现曲线峰值；80℃时，分别在平衡压力6.82997MPa和7.39156MPa处吸附量达到最大值，出现曲线峰值。

2.2.4   不同气体吸附实验结果对比分析

大量的实验研究和现场勘探发现页岩气的吸附量除了受页岩有机碳含量、有机质成熟度、孔隙率等因素的影响外，吸附质气体的种类也是影响吸附量的重要因素之一。由于吸附气体本身物理化学性质的不同，在同一样品中的吸附规律和特性会有所差异，为了更好地研究页岩对CH_4、N_2和CO_2的吸附特性，在同等实验温度下，绘制凤参1#井页岩和天马1#井页岩样品对CH_4、N_2和CO_2的实测吸附曲线(图2.9)，对比分析相同条件下同一页岩样品对不同气体的吸附特征。在实验条件下，CH_4、N_2、CO_2气体在凤参1#井和天马1#井两组页岩样品表面的吸附行为既有相似之处，又各自具有不同的吸附特征，主要表现出以下规律。

(1)凤参1#井页岩和天马1#井页岩两组样品在50~80℃范围内，CH_4、N_2、CO_2的实测等温吸附线整体形态相似，都存在曲线峰值，与I型等温曲线特征有明显的差异。气体吸附量都随压力的升高先增大后减小。在达到最大吸附量之前，吸附速率逐渐较小；达到最大吸附量以后，吸附量随压力升高呈下降趋势。

(2)同一温度下，整个吸附过程最先达到吸附饱和状态的是CO_2，其次是CH_4，最后

是 N_2；在达到吸附饱和后，吸附量随压力的升高而降低，且此阶段等温吸附曲线变化趋势依次变缓。表明同等条件下，吸附能力越强的气体，越容易达到吸附饱和状态，并且在高压阶段吸附量下降得更快。

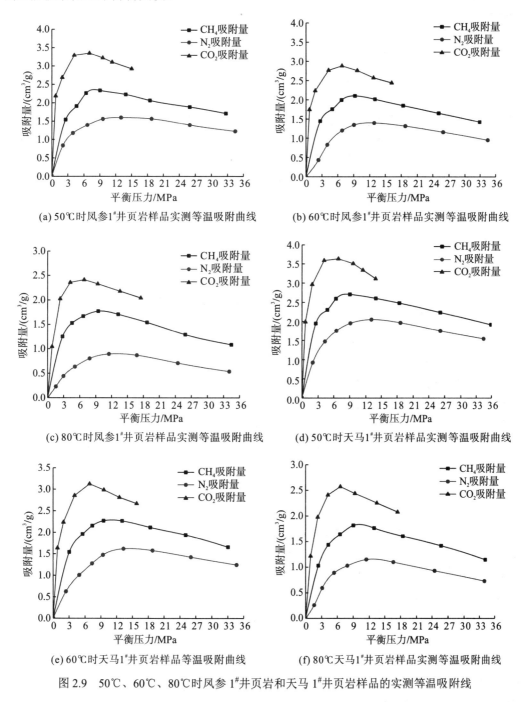

(a) 50℃时凤参1#井页岩样品实测等温吸附曲线   (b) 60℃时凤参1#井页岩样品实测等温吸附曲线

(c) 80℃时凤参1#井页岩样品实测等温吸附曲线   (d) 50℃时天马1#井页岩样品实测等温吸附曲线

(e) 60℃时天马1#井页岩样品等温吸附曲线   (f) 80℃天马1#井页岩样品实测等温吸附曲线

图 2.9   50℃、60℃、80℃时凤参 1#井页岩和天马 1#井页岩样品的实测等温吸附线

(3)在整个吸附过程中，同一温度下任何压力点 CH_4、N_2、CO_2 三种气体吸附量的大小关系为：$CO_2 > CH_4 > N_2$。表明在吸附过程中，CO_2 气体在页岩表面的吸附能力最强，

CH_4 其次，N_2 最小。所以，在实验条件相同的情况下，CO_2 在吸附竞争过程中更具有优势，页岩趋向于吸附更多的 CO_2 分子来占据其表面的吸附位，平衡页岩表面的剩余力场，而 CH_4 和 N_2 在吸附竞争中则处于劣势。对此，马砺[32]等通过煤对 CH_4、N_2、CO_2 等温吸附实验也得出了同样的结论。

饱和吸附量是表征吸附剂对吸附质吸附能力最直接的物理量，为了探讨 CH_4、N_2 和 CO_2 在页岩表面的吸附竞争关系，计算同一温度和同一页岩样品条件下 CH_4、N_2 和 CO_2 气体饱和吸附量之间的比值，计算结果见表 2.11。

表 2.11　50℃、60℃和80℃下 CH_4、N_2 和 CO_2 的饱和吸附量及其比值

实验温度/℃	样品来源	CH_4 饱和吸附量 V_{CH_4} /(cm³/g)	N_2 饱和吸附量 V_{N_2} /(cm³/g)	CO_2 饱和吸附量 V_{CO_2} /(cm³/g)	V_{CO_2}/V_{CH_4}	V_{CO_2}/V_{N_2}	V_{CH_4}/V_{N_2}
50	凤参 1# 井	2.33380	1.59929	3.35141	1.44	2.10	1.46
	天马 1# 井	2.70628	2.04883	3.63691	1.38	1.78	1.32
60	凤参 1# 井	2.10142	1.15325	2.88182	1.39	2.50	1.82
	天马 1# 井	2.26998	1.61682	3.12300	1.37	1.93	1.40
80	凤参 1# 井	1.77204	0.76816	2.41232	1.36	3.14	2.31
	天马 1# 井	1.81794	1.15035	2.57051	1.35	2.23	1.58

由表 2.11 可知，50～80℃范围内，温度从低到高两组页岩样品中 CO_2 与 CH_4 的饱和吸附量之比逐渐降低，凤参 1# 井样品由 1.44 下降到 1.36，天马 1# 井样品由 1.38 下降到 1.35；CO_2 与 N_2 饱和吸附量之比逐渐上升，凤参 1# 井样品由 2.10 上升到 3.14，天马 1# 井样品由 1.78 上升到 2.23；CH_4 与 N_2 饱和吸附量之比也逐渐上升，凤参 1# 井样品由 1.46 上升到 2.31，天马 1# 井样品由 1.32 上升到 1.58。表明在吸附过程中，温度越低 CO_2 相对于 CH_4 的吸附竞争优势表现得越突出，温度越高 CO_2 相对于 N_2 的吸附竞争优势表现越突出；CH_4 相对于 N_2 的吸附竞争优势在较低温度下表现得更加明显。

通过对比分析页岩对 CH_4、N_2 和 CO_2 的等温吸附实验结果，发现这三种气体在页岩中的吸附特性具有相似之处，同时也具有差异性。产生这种差异性的原因可能与吸附气体本身的属性有关，如分子直径、临界温度、临界压力、沸点、分子极性等。有学者通过分析不同气体在煤表面的吸附特性发现，沸点越高的气体吸附能力越强，因为沸点越高的气体吸附势阱越深，扩散率越低[33]。在常压下，CH_4、N_2、CO_2 气体的沸点分别为：-161.49℃、-195.8℃、-78.48℃，根据这一发现推出：在同等条件下 CO_2 的吸附能力最强，CH_4 次之，N_2 吸附能力最弱，与本节实验结果分析的结论相吻合。

在页岩气开采中，一是要准确评估页岩气资源量，以便准确预测页岩气产能，二是最大限度地抽采页岩气储存量，以提高页岩气抽采效率，降低生产成本。页岩气在页岩地层中主要以吸附态和游离态储存，各自储存量的占比变化幅度为20%～85%。在储存总量稳定的条件下，吸附量、游离量随着页岩气压力、温度等因素变化而变化，并且相互转化。页岩层压力、温度主要受地层埋藏深度影响。中国页岩气开采深度一般为1000～3500m，

储存压力达到了 35MPa 左右，储层温度达到了 80℃左右，有的甚至更高。

分析等温吸附实验结果发现，页岩对气体的吸附量随压力、温度变化而变化。特别是压力，压力从低压到高压的变化过程中，吸附量从小到大，后又从大到小，存在一个吸附量极值。在极值前(低压阶段)，气体吸附量随压力升高而增大；在极值后(高压阶段)，气体吸附量随压力升高而减小。温度的影响也是显著的，特别是低压阶段，温度对吸附量影响很大，相同压力条件下温度越低时吸附量越大。同等条件下，CH_4、N_2、CO_2 三种气体中 CO_2 在页岩中的吸附能力最强，即在此三种气体同时存在的条件下，页岩表面更倾向于吸附更多的 CO_2 分子，CO_2 分子的存在会降低 CH_4 的吸附量，同时会置换出已发生吸附的 CH_4 分子，促进 CH_4 分子的解吸以增加 CH_4 的游离量，并且温度较低时，CO_2 相对 CH_4 的竞争吸附优势表现得更加明显。因此，在页岩气资源评估中，要充分认识到储层压力对页岩气估算量的影响，建议分不同埋藏深度对游离量、吸附量及储存量进行估算，特别注意测试吸附量极值(压力临界值)大小。同时建议，依据不同地温区域划分评估单元，根据实验确定吸附量比例。在页岩气开采中，充分认识到游离量与吸附量从低压到高压过程中的转化，在极值过后游离量会显著增加，有利于开采，建议适当控制压力并稳定，不可迅速降低储层压力，并且充分利用 CO_2 对于 CH_4 的竞争吸附优势，将注 CO_2 置换解吸的方法应用到页岩气开采中。

2.3　高压下吸附量下降原因分析

2.3.1　吸附势

1814 年，De Saussure 等经过大量研究后提出了多孔固体吸附剂对气体吸附质有吸引力的观点。1914 年 Eeken 等将这种吸附力引申为吸附势并且进行了理论性的描述。Polanyi 用数学表达式对吸附势进行了定量的描述[34]。吸附势理论突破了 Langmuir 吸附理论关于固体吸附剂表面均匀性的假设，对固体表面是否均匀不作假设[35]。该理论的要点可以从以下三个方面加以概括：①在固体吸附剂表面附近的一定空间内存在能够将气体分子吸引到气—固两相界面的引力场，在引力场存在的空间内，吸附相密度与气体分子和固体表面之间的距离有关，在引力场最外边缘吸附相密度与游离气体密度基本相同；②引力场存在的空间范围内任意一点都有吸附势存在，其值等于将 1mol 气体从无限远处吸引到某点所需的功；③吸附势与引力场的空间体积之间的关系具有唯一性，并且不受温度变化的影响[36]。

吸附剂与气体分子之间存在吸附力，吸附剂表面一定空间范围内存在吸附势场。气体分子在吸附剂表面发生吸附的过程中，当吸附势为正值时，吸附势场中吸附力对气体分子做正功，可促进气体分子在固体吸附剂表面的吸附，宏观表现为吸附量增大；当吸附势为负值时，吸附势场中吸附力对气体分子做负功，不利于气体分子在吸附剂表面的吸附，并且部分气体分子会从吸附剂表面解吸出来变成游离状态，在宏观上表现为气体吸附量的下降[37]。

吸附势的理论表达式为 $\varepsilon = RT \dfrac{P_o}{P}$，式中 ε 为吸附势，T 和 P 分别表示气体分子所处

环境的温度和压力，P_0 表示气体在温度为 T、压力为 P 时的饱和蒸气压。从吸附势的理论表达式可知，吸附势与吸附体系内吸附剂与吸附质之间的作用力有关，是两者之间作用力的宏观体现；吸附势是与吸附体系所处的环境温度、气体压力以及吸附质气体的饱和蒸气压有关的函数。所以，在不同的温度和压力条件下同一种气体吸附质的吸附势也会不同。在同一个吸附体系内，吸附势随压力的变化具有一定的规律，如图 2.10～图 2.12 所示。

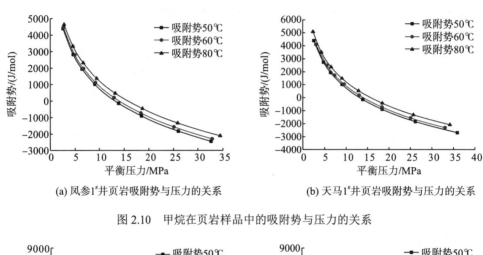

(a) 凤参1#井页岩吸附势与压力的关系   (b) 天马1#井页岩吸附势与压力的关系

图 2.10   甲烷在页岩样品中的吸附势与压力的关系

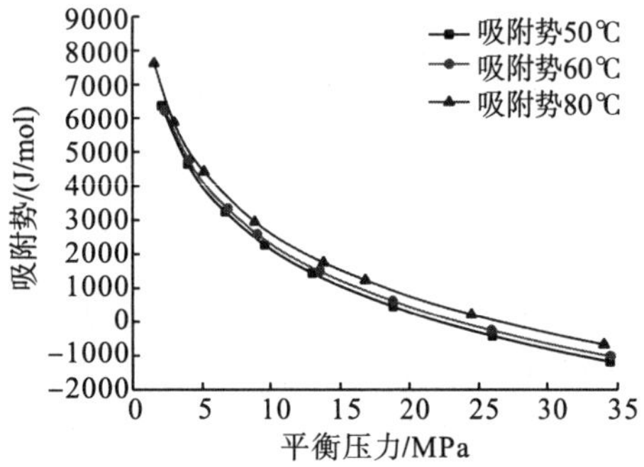

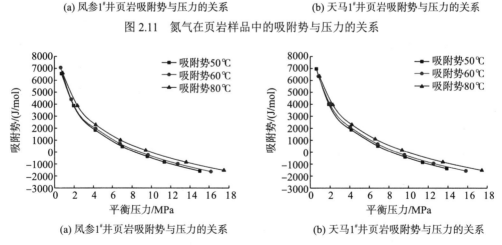

(a) 凤参1#井页岩吸附势与压力的关系 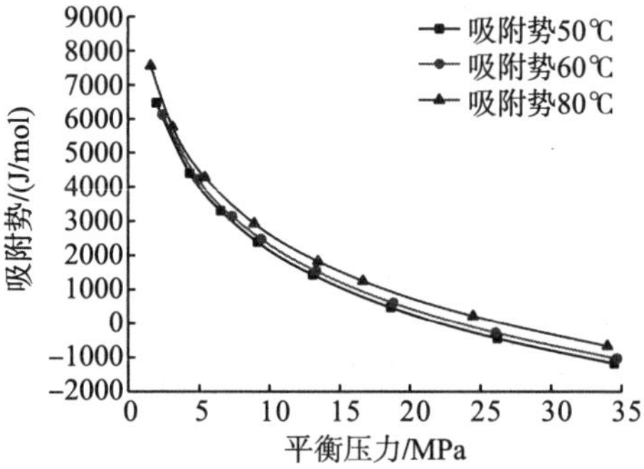   (b) 天马1#井页岩吸附势与压力的关系

图 2.11   氮气在页岩样品中的吸附势与压力的关系

(a) 凤参1#井页岩吸附势与压力的关系   (b) 天马1#井页岩吸附势与压力的关系

图 2.12   二氧化碳在页岩样品中的吸附势与压力的关系

从图 2.10～图 2.12 可以看出，CH_4、N_2、CO_2 在凤参 1# 井和天马 1# 井两组样品中吸附势都随压力的增大而逐渐减小，当压力达到一定值时，吸附势为零。此后，随着压力的继续增大，吸附势开始出现负值。说明在气体吸附过程中随气体压力的增大，吸附势场内吸附力先对气体分子做正功，当压力达到一定值后，吸附力开始对气体分子做负功。吸附初始阶段(即低压阶段)，吸附势场有利于气体分子的吸附，吸附速率大于解吸速率，吸附量随压力的升高逐渐增大；同时，气体分子密度逐渐增大，页岩表面的吸附位逐渐被气体分子占据，导致吸附速率逐渐减小，表现为吸附量增大的速率随压力的升高逐渐减小。从吸附势的理论表达式可知，当压力达到当前条件下的饱和蒸气压时，吸附势为零，吸附力对气体分子不做功，吸附速率等于解吸速率，吸附量不变，气体吸附相的密度与游离相的密度相等；当压力超过当前条件下的饱和蒸汽压时，吸附势将下降到负值，吸附势场内吸附力对气体分子做负功，有利于气体分子从页岩表面解吸出来，气体分子的解吸速率大于吸附速率，表现为随压力的升高气体吸附量逐渐减小。所以，在吸附过程中，高压条件下气体吸附量随压力的升高而逐渐减小的现象与吸附体系内吸附势的变化有关。

2.3.2　分子间作用力

CH_4、N_2 和 CO_2 气体在页岩表面的吸附属于物理吸附，吸附力为范德瓦尔斯力。范德瓦尔斯力形成的原因主要有三个方面，包括原子和分子之间的色散力作用、静电力作用及诱导力作用。在非极性分子与极性分子之间的相互作用以色散力作用为主。色散力的来源主要与瞬间偶极矩的产生和原子或分子之间的极化作用有关，原子或分子中的电子在快速运动过程中产生的瞬间偶极矩会使其附近的原子或分子发生极化，这种极化作用又使原来的瞬间偶极矩的变化幅度增大，在如此反复的作用下产生了色散力[38]。原子与分子之间的色散力作用同时具有吸附势能和排斥势能，这两种势能间的关系与分子间吸引力和排斥力的关系相似[39]。

分子间作用力包括吸引力和排斥力，这两种力同时存在，对外表现为这两种力的合力。如图 2.13 所示，吸引力和排斥力都与分子间距离呈负相关关系，都随分子间距离的增大而减小，随分子间距离的减小而增大。对吸引力而言，排斥力的大小随分子间距离变化得更快。当 $r=r_1$ 时，合力达到最大值，分子间作用力以吸引力为主；当 $r=r_0$(吸附质气体分子与固体吸附剂孔隙骨架表面分子的范德华半径之和)时，合力为零，吸引力等于排斥力；当 $r<r_0$ 时，排斥力大于吸引力，分子间作用力以排斥力为主；当 $r>r_0$ 时，吸引力大于排斥力，分子间作用力以吸引力为主；当 $r>10r_0$ 时，吸引力和排斥力都迅速减小，其值几乎接近于零，可认为分子间不存在相互作用，分子间作用力为零。

根据页岩对 CH_4、N_2 及 CO_2 三种气体的等温吸附曲线可知，气体在页岩表面的吸附量随压力升高呈阶段性变化。在低压阶段，气体吸附量随压力的升高先快速增大，而后缓慢增大；在高压阶段，气体吸附量与压力呈负相关关系，吸附量随压力的升高呈缓直线下降趋势。

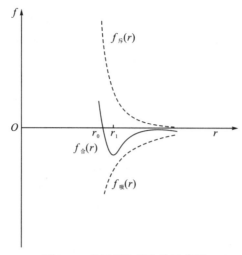

图 2.13   分子间作用力的示意图

从分子学的角度分析，在不同的吸附阶段吸附相气体分子之间、吸附相气体分子与游离相分子之间、吸附相气体分子与页岩表面分子之间的距离不同，且随压力的升高，分子之间的距离不断减小。

在低压阶段，随着压力的升高，气体分子密度逐渐增大，气体分子与页岩表面分子之间的距离由 r 远大于 r_1 并逐渐向 r_1 靠近，吸引力和排斥力都增大，但吸引力增大得更快，分子间作用力以吸引力为主，气体分子吸附相对容易，表现为吸附量随压力的升高快速增大；随着气体压力的继续升高，分子间距离逐渐向 r 小于 r_1 变化，当分子间距 $r_0<r<r_1$ 时，分子间作用力仍然以吸引力为主，但随分子间距的减小而不断减小，对气体分子做功减少，表现为气体吸附量增大幅度随压力升高逐渐减小；当 $r<r_0$ 时，分子间作用力以排斥力为主，气体分子很难继续吸附在页岩表面，吸附速率逐渐减慢。所以，在低压阶段，气体吸附量随压力的升高不断增大，但增大的速率和幅度都会逐渐减小。

在高压阶段，游离相气体分子的密度很大，基本接近于吸附相气体分子的密度，气体分子与页岩表面分子之间的间距 r 远小于 r_0，分子间排斥力占绝对优势，不利于气体分子在页岩表面发生吸附行为，反而有利于已吸附气体分子从页岩表面解吸出来；同时，由于页岩表面的吸附位基本被气体分子所占据，表面剩余力场很小，气体分子很难再吸附到页岩表面。所以，在高压阶段，随着气体压力的不断升高，气体吸附量反而下降。

2.3.3   孔隙结构

傅雪海[40]等以压汞实验的测试结果为基础，对多孔固体吸附剂的孔容与孔径结构进行了分形研究，根据研究结果，把孔隙划分为渗流孔隙（>65nm）和扩散孔隙（<65nm），又根据孔径与孔表面积增量的关系将扩散孔隙划分为小孔（20～65nm）、过渡孔（8～20nm）和微孔（<8nm）三类；侯宇光等[41]通过液氮吸附和 CH_4 吸附实验研究得出有机质孔隙是影响页岩对 CH_4 吸附量的关键因素。由于黏土矿物孔隙可以提供大量的比表面积，所以黏土矿物孔隙是控制气体在页岩中吸附量的重要因素。研究学者[42]以柴达木盆地石炭系泥页岩为

样品，研究了页岩孔隙结构与 CH_4、CO_2 气体吸附量的关系，研究发现页岩孔隙结构和比表面积是影响气体在页岩中吸附量的主要因素之一，且微孔对页岩总比表面的贡献最大，比表面越大的页岩样品，对气体分子的吸附能力越强，宏观表现为气体吸附量越大。所以，页岩对气体的吸附量与其孔隙结构密切相关。

热演化程度是控制页岩孔隙结构和比表面积的重要因素之一[43]，较高热演化的页岩，会形成大量有机质孔隙和黏土矿物孔隙。该实验所取样品为埋藏较深的黑色页岩，热演化程度较高，孔隙结构发育，页岩样品具有较大的比表面积，为吸附气体分子提供了大量的吸附位。页岩样品中不同类型孔隙的承压能力不同，在气体吸附实验中，压力的不断增大可能会使页岩样品的孔隙结构遭到破坏。高压环境下页岩承压能力较差的部分孔隙可能会被压塌，降低页岩样品的比表面积，减少吸附位的数量，导致页岩吸附能力降低，致使原本吸附在页岩表面的气体分子大量解吸。在实验过程中，温度的升高会使页岩内部产生热应力，在一定程度上可抵消外部压力的作用，可以减缓页岩孔隙结构的破坏，所以实验温度越高气体最大吸附量对应的平衡压力值越大，曲线峰值出现越晚。由于温度升高会导致气体分子内能增大，使得气体分子具有更大的能量挣脱页岩表面的束缚而解吸出来。所以，对于同一种气体而言，在吸附后期（曲线峰值出现后），温度越高吸附量下降的速度越快，下降的幅度越大[44]。

因此，在实验过程中当压力达到某一个极限值时，承压能力较差的孔隙先被压塌破坏，随着压力的持续升高不断有吸附位消失，气体分子不断从页岩表面解吸，致使吸附量随压力的升高而不断下降，且过快的压力升高将加剧对页岩样品的破坏，加速气体吸附量下降。温度的升高可以延缓孔隙结构的破坏，延迟曲线峰值出现；在曲线峰值出现后，温度升高会加剧气体分子的解吸，使气体吸附量下降得更快，且下降的幅度更大。

2.4　不同阶段的拟合与分析

2.4.1　低压阶段

1.　拟合结果

1）Langmuir 模型拟合结果

Langmuir 吸附模型（简称 L 模型）对 50℃、60℃和 80℃时 CH_4、N_2、CO_2 吸附量极值出现前的数据拟合结果见表 2.12～表 2.14。其中 V_L 为 Langmuir 吸附体积；b 为吸附常数，与温度和吸附热有关；R^2 为可决系数。

表 2.12　L 模型对低压阶段 CH_4 吸附实验数据的拟合结果

实验温度/℃	凤参 1# 井页岩			天马 1# 井页岩		
	V_L/(cm³/g)	b/MPa⁻¹	R^2	V_L/(cm³/g)	b/MPa⁻¹	R^2
50	3.02434	0.40131	0.99578	3.23539	0.57301	0.99798
60	2.60197	0.36661	0.99834	2.94099	0.36210	0.9986
80	2.15544	0.34778	0.99944	2.39194	0.33252	0.99728

表 2.13   L 模型对低压阶段 N_2 吸附实验数据的拟合结果

实验温度/℃	凤参 1#井页岩			天马 1#井页岩		
	$V_L/(cm^3/g)$	b/MPa^{-1}	R^2	$V_L/(cm^3/g)$	b/MPa^{-1}	R^2
50	1.96637	0.99364	0.99364	2.66023	0.28341	0.99572
60	1.65601	0.96286	0.96286	2.5398	0.13746	0.99614
80	1.10943	0.96501	0.96501	1.91363	0.12663	0.99168

表 2.14   L 模型对低压阶段 CO_2 吸附实验数据的拟合结果

实验温度/℃	凤参 1#井页岩			天马 1#井页岩		
	$V_L/(cm^3/g)$	b/MPa^{-1}	R^2	$V_L/(cm^3/g)$	b/MPa^{-1}	R^2
50	3.58318	1.99141	0.99282	4.04379	1.53956	0.99795
60	3.06260	1.91786	0.98541	3.57005	0.95235	0.99755
80	2.94507	0.77958	0.98695	3.10948	0.73321	0.99844

2）Freundlich 模型拟合结果

Freundlich 吸附模型（简称 F 模型）对 50℃、60℃和 80℃时 CH_4、N_2、CO_2 吸附量极值出现前的数据拟合结果见表 2.15～表 2.17。其中 x 为与吸附体系有关的模型参数；K_b 为结合常数；R^2 为可决系数。

表 2.15   F 模型对低压阶段 CH_4 吸附实验数据的拟合结果

实验温度/℃	凤参 1#井页岩			天马 1#井页岩		
	x	K_b	R^2	x	K_b	R^2
50	0.33500	0.99729	0.99235	0.26797	1.52653	0.99729
60	0.40713	0.99796	0.99787	0.33798	1.07871	0.99796
80	0.47407	0.99468	0.99602	0.40087	0.7657	0.99468

表 2.16   F 模型对低压阶段 N_2 吸附实验数据的拟合结果

实验温度/℃	凤参 1#井页岩			天马 1#井页岩		
	x	K_b	R^2	x	K_b	R^2
50	0.3289	0.71959	0.98704	0.38258	0.80844	0.98057
60	0.49002	0.38515	0.95006	0.52282	0.43522	0.98951
80	0.52156	0.23966	0.97504	0.56272	0.28685	0.95935

表 2.17   F 模型对低压阶段 CO_2 吸附实验数据的拟合结果

实验温度/℃	凤参 1#井页岩			天马 1#井页岩		
	x	K_b	R^2	x	K_b	R^2
50	0.19333	0.99309	0.99309	0.23831	2.41730	0.98145
60	0.20181	0.97357	0.99357	0.29359	1.80975	0.99323
80	0.31024	0.93733	0.93733	0.32354	1.41506	0.97383

3) Langmuir-Freundlich 模型拟合结果

Langmuir-Freundlich 吸附模型(简称 L-F 模型)对 50℃、60℃和 80℃时 CH_4、N_2、CO_2 吸附量极值出现前的数据拟合结果见表 2.18~表 2.20。其中 V_L 为 Langmuir 吸附体积;b 为吸附常数,与温度和吸附热有关;x 为与吸附体系有关的模型参数;R^2 为可决系数。

表 2.18　L-F 模型对低压阶段 CH_4 吸附实验数据的拟合结果

实验温度/℃	凤参 1# 井页岩				天马 1# 井页岩			
	V_L/(cm³/g)	b/MPa⁻¹	x	R^2	V_L/(cm³/g)	b/MPa⁻¹	x	R^2
50	2.73638	0.41259	1.20450	0.99993	3.34402	0.59722	0.89534	0.99981
60	2.68900	0.36511	1.02888	0.99998	2.92045	0.35443	1.02822	0.99990
80	1.93884	0.31414	1.43692	0.99996	2.12388	0.30662	1.30425	0.99970

表 2.19　L-F 模型对低压阶段 N_2 吸附实验数据的拟合结果

实验温度/℃	凤参 1# 井页岩				天马 1# 井页岩			
	V_L/(cm³/g)	b/MPa⁻¹	x	R^2	V_L/(cm³/g)	b/MPa⁻¹	x	R^2
50	1.83236	0.35183	1.18647	0.99991	2.35486	0.26384	1.28256	0.99935
60	1.23393	0.17424	1.81990	0.99933	2.29225	0.13795	1.11572	0.99796
80	0.81313	0.12319	1.99582	0.99756	1.38448	0.10459	1.53937	0.99705

表 2.20　L-F 模型对低压阶段 CO_2 吸附实验数据的拟合结果

实验温度/℃	凤参 1# 井页岩				天马 1# 井页岩			
	V_L/(cm³/g)	b/MPa⁻¹	x	R^2	V_L/(cm³/g)	b/MPa⁻¹	x	R^2
50	4.60791	1.07197	0.52312	0.99897	4.13511	1.42663	0.91936	0.99793
60	3.52690	1.29074	0.64688	0.99349	4.06745	0.76304	0.76541	0.99449
80	2.69100	1.45570	0.87178	0.99775	2.80285	0.83243	1.32754	0.99437

4) BET 模型拟合结果

BET 吸附模型对 50℃、60℃和 80℃时 CH_4、N_2、CO_2 吸附量极值出现前的数据拟合结果见表 2.21~表 2.23。其中 V_m 为 BET 单分子层吸附量;C 为吸附热有关的常数;m 为拟合参数;R^2 为可决系数。

表 2.21　BET 模型对低压阶段 CH_4 吸附实验数据的拟合结果

实验温度/℃	凤参 1# 井页岩				天马 1# 井页岩			
	V_m/(cm³/g)	C	m	R^2	V_m/(cm³/g)	C	m	R^2
50	3.01180	1573.9100	12.7660	0.99366	2.99831	126.933	7.03740	0.99711
60	2.31172	75.2462	6.0049	0.99778	2.92242	1015.350	11.46370	0.99678
80	2.14305	1390.1500	10.3400	0.99912	2.44024	443.264	9.27872	0.99888

表 2.22　BET 模型对低压阶段 N_2 吸附实验数据的拟合结果

实验温度/℃	凤参 1# 井页岩				天马 1# 井页岩			
	$V_m/(cm^3/g)$	C	m	R^2	$V_m/(cm^3/g)$	C	m	R^2
50	1.95297	1056.920	7.16172	0.99510	2.63519	650.132	6.91948	0.99680
60	1.63602	426.618	6.54345	0.94985	2.50142	280.774	6.57760	0.99244
80	1.09817	505.739	6.39641	0.95281	1.87506	199.207	5.94570	0.98228

表 2.23　BET 模型对低压阶段 CO_2 吸附实验数据的拟合结果

实验温度/℃	凤参 1# 井页岩				天马 1# 井页岩			
	$V_m/(cm^3/g)$	C	m	R^2	$V_m/(cm^3/g)$	C	m	R^2
50	3.27787	218.429	41.0967	0.99985	4.04188	25185.700	128.9260	0.99983
60	2.81431	225.482	28.2921	0.99741	3.22617	107.193	28.0681	0.99746
80	2.92752	1355.090	36.7393	0.99985	3.08970	1206.600	36.3659	0.99531

5) D-R 模型拟合结果

D-R 吸附模型对 50℃、60℃和 80℃时 CH_4、N_2、CO_2 吸附量极值出现前的数据拟合结果见表 2.24～表 2.26。其中 V_0 为孔体积；D 为与净吸附热有关的常数；m 为拟合参数；R^2 为可决系数。

表 2.24　D-R 模型对低压阶段 CH_4 吸附实验数据的拟合结果

实验温度/℃	凤参 1# 井页岩				天马 1# 井页岩			
	$V_0/(cm^3/g)$	D	m	R^2	$V_0/(cm^3/g)$	D	m	R^2
50	2.02848	0.16751	0.31835	0.98853	2.30836	0.13399	0.03665	0.99594
60	1.81227	0.15357	0.29034	0.99681	1.76130	0.16900	-0.13109	0.99695
80	1.66763	0.13704	0.70080	0.99403	1.50826	0.20044	0.27112	0.99203

表 2.25　D-R 模型对低压阶段 N_2 吸附实验数据的拟合结果

实验温度/℃	凤参 1# 井页岩				天马 1# 井页岩			
	$V_0/(cm^3/g)$	D	m	R^2	$V_0/(cm^3/g)$	D	m	R^2
50	1.20744	0.16446	0.09392	0.98271	1.45916	0.19130	0.03695	0.97409
60	0.93288	0.24503	0.50381	0.93341	1.08951	0.26143	0.41405	0.98602
80	0.72997	0.26082	0.99143	0.96672	0.72205	0.28140	0.18910	0.94580

表 2.26　D-R 模型对低压阶段 CO_2 吸附实验数据的拟合结果

实验温度/℃	凤参 1# 井页岩				天马 1# 井页岩			
	$V_0/(cm^3/g)$	D	m	R^2	$V_0/(cm^3/g)$	D	m	R^2
50	4.64445	0.09667	3.69237	0.98964	3.22327	0.11917	-0.59914	0.97218
60	2.59311	0.10091	-0.33020	0.96036	5.35127	0.14680	3.88219	0.98984
80	2.33601	0.15516	2.29282	0.90599	13.06150	0.16177	8.66451	0.96075

6) D-A 模型拟合结果

D-A 吸附模型对 50℃、60℃和 80℃时 CH_4、N_2、CO_2 吸附量极值出现前的数据拟合结果见表 2.27～表 2.29。其中 V_0 为孔体积；D 为与净吸附热有关的常数；n 为 D-A 模型拟合参数；m 为拟合参数；R^2 为可决系数。

表 2.27　D-A 模型对低压阶段 CH_4 吸附实验数据的拟合结果

实验温度/℃	凤参 1#井页岩					天马 1#井页岩				
	V_0/(cm³/g)	D	n	m	R^2	V_0/(cm³/g)	D	n	m	R^2
50	1.70363	0.45173	-0.66802	0.74162	0.97706	2.17787	0.43017	-0.37448	0.62295	0.99188
60	1.76292	0.84064	0.12942	0.36536	0.99362	1.70227	0.80712	-0.31163	0.41877	0.99389
80	1.46563	0.45181	-0.06280	0.60664	0.98807	1.36497	0.66214	-0.13252	0.60545	0.98405

表 2.28　D-A 模型对低压阶段 N_2 吸附实验数据的拟合结果

实验温度/℃	凤参 1#井页岩					天马 1#井页岩				
	V_0/(cm³/g)	D	n	m	R^2	V_0/(cm³/g)	D	n	m	R^2
50	1.26460	0.56504	0.36059	0.58212	0.97407	1.46104	0.82072	0.04348	0.46617	0.96114
60	0.76033	1.05992	-0.21016	0.40213	0.85111	1.13450	1.29835	0.55261	0.40217	0.97903
80	0.68873	0.97344	1.06949	0.47804	0.82693	0.54590	1.21348	-0.61637	0.46379	0.91869

表 2.29　D-A 模型对低压阶段 CO_2 吸附实验数据的拟合结果

实验温度/℃	凤参 1#井页岩					天马 1#井页岩				
	V_0/(cm³/g)	D	n	m	R^2	V_0/(cm³/g)	D	n	m	R^2
50	2.92888	0.25885	-0.82278	0.74690	0.97927	3.08573	0.31156	-0.94557	0.76500	0.94436
60	1.70227	0.80712	-0.31163	0.41877	0.97389	2.40478	0.36942	-0.99457	0.79479	0.97968
80	2.04779	0.45432	-0.39504	0.68305	0.81198	2.09257	0.59320	-0.51009	0.54542	0.92150

2. 结果分析

1) 拟合优度

不同模型的拟合程度通常都用拟合优度来表示，度量拟合优度的统计量为可决系数 R^2，其反映的是因变量与所有自变量的总体关系。R^2 的值越接近 1，说明回归效果越好，R^2 的值越接近于零，回归效果越差。由表 2.12～表 2.29 可知，整体来说，6 种吸附模型中对 CH_4 吸附实验数据的拟合效果优于 N_2 和 CO_2，且 L 模型、L-F 模型和 BET 模型对 CH_4、N_2 和 CO_2 气体的拟合优度都高于其他模型，其中在任何温度下 D-A 模型和 D-R 模型对这三种气体的拟合优度都较差，拟合效果不理想。对比各吸附模型在不同温度下对 CH_4 吸附数据的拟合优度，拟合效果从好到差的顺序为：L-F 模型>L 模型>BET 模型>F 模型>D-R 模型>D-A 模型，其中 L-F 模型的拟合优度几乎接近于 1，拟合程度最好。各模型对 N_2 吸附数据的拟合效果顺序基本一致，在 50℃时，BET 吸附模型的拟合优度高于其他吸附模型；在 60℃和 80℃时，与 CH_4 拟合效果的排序相同，L-F 模型的拟合效果最好。对比上述 6 种吸附模型对 CO_2 吸附实验数据的拟合优度,可以得出,在 50~80℃范围内,BET 吸附模型的拟合优度最高,几乎接近于 1,其次是 L-F 模型,拟合优度都在 0.99 以上,拟合优度最低的是 D-A 模型,尤其是在 80℃时表现得更加明显。

综上,从拟合优度的角度来看,在 50~80℃范围内,L-F 模型对 CH_4 的等温吸附数据拟合效果最好,BET 模型对 CO_2 的等温吸附数据拟合效果最好。在 50℃时,对 N_2 等温吸附数据拟合效果最好的是 BET 模型,在 60℃和 80℃时,拟合效果最好的是 L-F 模型。

2)模型参数

L 模型和 L-F 模型中,两个吸附常数 V_L 和 b 都具有明确的物理意义。其中,V_L 为 Langmuir 吸附量(也称 Langmuir 体积),即气体吸附质在吸附剂中的饱和吸附量,表征吸附剂对吸附质气体的最大吸附性能,吸附常数 b 为 Langmuir 平衡常数,与吸附体系和温度有关,其值越大,表示吸附剂对吸附质气体的吸附能力越强。从表 2.12~表 2.14 中可以看出,Langmuir 吸附常数 V_L 与 b 值的大小与实验温度和页岩的总有机碳含量密切相关。在 50~80℃范围内,CH_4、N_2、CO_2 三种气体在凤参 1#井和天马 1#井两组页岩样品中 Langmuir 吸附量 V_L 和平衡常数 b 的值都随温度的升高而减小,说明温度越高页岩的吸附能力越小;在同一温度下,凤参 1#井页岩中 V_L 和 b 的值都大于其在天马 1#井页岩中的值,说明页岩总有机碳含量越高对气体的吸附性越强,符合气体在页岩表面的实际吸附规律。

F 模型、L-F 模型中,拟合参数 x 与页岩孔隙、有机质分布有关,表征页岩表面能量分布的非均匀性。页岩表面能量分布与其矿物组成及分布有关,与温度无关。在有机质颗粒表面的能量分布高于非有机质(主要指黏土矿物和非黏土矿物)。在有机质含量较高的页岩表面,气体的吸附行为主要发生在有机质颗粒表面,其在非有机质表面的吸附竞争就少,反映出页岩表面能量分布的均匀性强,非均匀性弱,对应 x 的值小。相反,在有机质含量较低的页岩表面,气体主要吸附在非有机质颗粒表面,吸附竞争多,反映出页岩表面能量分布的均匀性弱,非均匀性强,对应 x 的值大。从表 2.15~表 2.20 中可以看出,L-F 模型和 F 模型拟合参数 x 的值与温度没有明显的规律。L-F 模型对气体在凤参 1#井页岩中的拟合参数 x 值较大,在天马 1#井页岩中的拟合参数 x 值较小,与气体在页岩中吸附特征相符。然而天马 1#井页岩中 F 模型拟合参数 x 大于其在凤参 1#井页岩中的值,表现出有机质含量越高 x 值越大的特征,这与气体在页岩表面的吸附特征相悖。从这一点考虑,L-F 模型比 F 模型更适合解释气体在页岩表面的吸附行为。

BET 吸附模型是一个反映多分子层吸附的二参数模型,拟合参数 V_m 表示第一层吸附的最大吸附量,常数 C 是与吸附热有关模型拟合参数,其值一般不会超过 100[45]。对比表 2.12 至表 2.14 中的反映单分子层吸附机理的 Langmuir 模型拟合参数 V_L 和表 2.21~表 2.23 中 BET 模型的拟合参数 V_m 的值,发现这两个参数的值基本一致。因此,可以判定低压阶段 CH_4、N_2 和 CO_2 气体在页岩表面的吸附属于单层吸附。从表 2.21~表 2.23 中可以看出 BET 拟合参数 C 的值基本都大于 100,这与气体在页岩表面的吸附特性不相符,说明 BET 吸附模型对解释气体在页岩表面的吸附行为存在局限性。

D-A 模型和 D-R 模型是基于吸附势理论的微孔填充模型,其中 V_0 表示页岩的总微孔体积。由表 2.24~表 2.29 可发现,不同温度下,D-R 模型和 D-A 模型对 CH_4、N_2、CO_2

气体在凤参 1#井页岩样品和天马 1#井页岩样品中吸附数据的拟合参数 V_0 最小值分别为
0.68873cm³/g 和 0.54590cm³/g，远大于这两个样品的实际总孔体积 0.009794cm³/g 和
0.010062cm³/g。D-R 模型中拟合参数 m 的值和 D-A 模型中拟合参数 n 和 m 的值都出现了
负数现象，违背了气体在固体吸附剂表面的吸附规律，因此 D-R 模型和 D-A 模型不适合
用于描述 CH_4、N_2 和 CO_2 气体在页岩表面的吸附行为。

从模型拟合参数考虑，拟合参数 V_L 与 V_m 的值基本一致，且 L 模型和 L-F 模型拟合优
度很高，基本判定 CH_4、N_2、CO_2 在页岩表面的吸附行为属于单分子层吸附。BET 模型和
F 模型对这三种气体的等温吸附实验数据的拟合优度很高，但拟合参数值与实际不符，D-R
模型和 D-A 模型对实验数据的拟合优度低，并且对气体在页岩表面的吸附行为的解释存
在一定的局限性，所以这 4 种吸附模型不适合用于解释 CH_4、N_2 及 CO_2 气体在页岩表面
的吸附行为。

3）平均相对误差

为了精确地找出适合低压阶段页岩对 CH_4、N_2、CO_2 气体的吸附模型，引入平均相对
误差，定量地对 L 模型与 L-F 模型的拟合效果进行评价。平均相对误差计算见式（2-6）：

$$\sigma = \frac{100}{N} \sum_{i=1}^{N} \left(\frac{V_{exp,i} - V_{pre,i}}{V_{exp,i}} \right)^2 \tag{2-6}$$

式中，σ——平均相对误差；

　　　N——平衡压力点个数；

　　　$V_{exp,i}$——实验测得的气体吸附量，cm³/g；

　　　$V_{pre,i}$——模型拟合的气体吸附量，cm³/g。

由表 2.30～表 2.32 可知，L 模型与 L-F 模型拟合吸附量与实测吸附量之间的平均相对
误差很小，基本在 1%以内，最大平均相对误差为 3.55538%。从整体上看，L 模型对不同
气体的拟合平均相对误差从小到大为：$CH_4 < CO_2 < N_2$，L-F 模型的拟合平均误差也遵循相
同的规律。L 模型与 L-F 模型的平均相对误差与吸附质气体有关，与实验温度没有明显的
规律。对比两种模型的平均相对误差的值可知，L-F 模型相对 L 模型在同一样品、同一吸
附质气体、同一温度条件下的拟合平均相对误差更小，说明 L-F 模型对气体在页岩表面的
等温吸附实验数据的拟合值更接近真实值。

表 2.30　50℃时 L 模型、L-F 模型拟合吸附量与实测吸附量之间的平均相对误差

凤参 1#井页岩样品			天马 1#井页岩样品		
气体种类	L 模型平均相对误差/%	L-F 模型平均相对误差/%	气体种类	L 模型平均相对误差/%	L-F 模型平均相对误差/%
CH_4	0.06149	0.00071	CH_4	0.03303	0.00189
N_2	0.02123	0.01017	N_2	0.05356	0.00771
CO_2	0.14017	0.00028	CO_2	0.02919	0.00073

表 2.31　60°C时 L 模型、L-F 模型拟合吸附量与实测吸附量之间的平均相对误差

凤参 1# 井页岩样品			天马 1# 井页岩样品		
气体种类	L 模型平均相对误差/%	L-F 模型平均相对误差/%	气体种类	L 模型平均相对误差/%	L-F 模型平均相对误差/%
CH_4	0.02862	0.00023	CH_4	0.00195	0.00102
N_2	1.87236	1.75783	N_2	0.02775	0.02933
CO_2	0.10151	0.02625	CO_2	0.06985	0.01853

表 2.32　80°C时 L 模型、L-F 模型拟合吸附量与实测吸附量之间的平均相对误差

凤参 1# 井页岩样品			天马 1# 井页岩样品		
气体种类	L 模型平均相对误差/%	L-F 模型平均相对误差/%	气体种类	L 模型平均相对误差/%	L-F 模型平均相对误差/%
CH_4	0.01019	0.00043	CH_4	0.03025	0.00321
N_2	3.55538	0.03909	N_2	0.96017	0.12874
CO_2	0.49395	0.00032	CO_2	0.06513	0.00697

综合拟合优度、模型拟合参数与模型拟合平均相对误差三个方面，得出 L-F 模型对低压阶段 CH_4、N_2 和 CO_2 在页岩表面的等温吸附实验数据拟合效果最好，拟合效果如图 2.14 和图 2.15 所示。

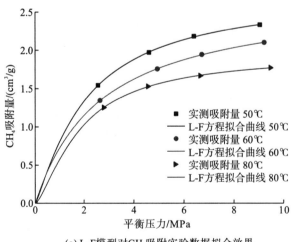

(a) L-F模型对CH_4吸附实验数据拟合效果

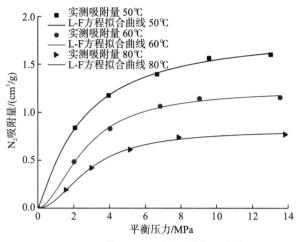

(b) L-F模型对N₂吸附实验数据拟合效果

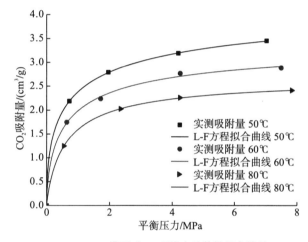

(c) L-F模型对CO₂吸附实验数据拟合效果

图 2.14 L-F 模型对低压阶段 CH₄、N₂ 和 CO₂ 在凤参 1# 井页岩样品中吸附实验数据的拟合效果图

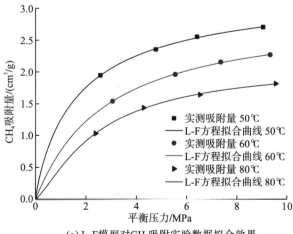

(a) L-F模型对CH₄吸附实验数据拟合效果

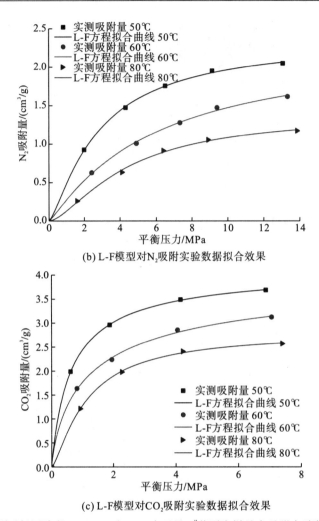

(b) L-F模型对N_2吸附实验数据拟合效果

(c) L-F模型对CO_2吸附实验数据拟合效果

图 2.15 L-F 模型对低压阶段 CH_4、N_2 和 CO_2 在天马 $1^{\#}$ 井页岩样品中吸附实验数据的拟合效果图

2.4.2 高压阶段

1)拟合结果

对高压阶段(吸附量极值出现后)CH_4、N_2 和 CO_2 的实验数据作线性回归分析,线性回归方程为 $y = Ax + B$(y 为平衡吸附量,作为因变量;x 为平衡压力,作为自变量,A、B 分别为线性拟合参数),其回归结果见表 2.33～表 2.35。

表 2.33 高压阶段 CH_4 吸附实验数据线性回归结果

实验温度/℃	凤参 $1^{\#}$ 井页岩			天马 $1^{\#}$ 井页岩		
	B	A	R^2	B	A	R^2
50	2.57572	−0.02658	0.99538	3.00612	−0.02984	0.99327
60	2.38012	−0.02899	0.99878	2.64670	−0.03210	0.98128
80	2.10309	−0.03225	0.96696	2.16160	−0.03342	0.97856

表 2.34　高压阶段 N_2 吸附实验数据线性回归结果

实验温度/℃	凤参 1# 井页岩			天马 1# 井页岩		
	B	A	R^2	B	A	R^2
50	1.87038	−0.01916	0.97406	2.38608	−0.02412	0.97550
60	1.45558	−0.02021	0.96796	1.96339	−0.02457	0.97691
80	1.08650	−0.02373	0.99243	1.54478	−0.02747	0.98133

表 2.35　高压阶段 CO_2 吸附实验数据线性回归结果

实验温度/℃	凤参 1# 井页岩			天马 1# 井页岩		
	B	A	R^2	B	A	R^2
50	3.73020	−0.05408	0.99725	4.02828	−0.05616	0.98563
60	3.35486	−0.06211	0.99809	3.59240	−0.06426	0.98821
80	2.95256	−0.06679	0.98831	3.05419	−0.06590	0.99916

2）结果分析

高压阶段，CH_4、N_2 和 CO_2 气体在页岩表面的吸附量随压力的升高呈下降趋势，利用一元线性方程对这一阶段的实验数据做线性分析，拟合效果良好（图 2.16、图 2.17）。由表 2.33～表 2.35 可知，一元线性方程对 CH_4、N_2、CO_2 在凤参 1# 井和天马 1# 井两组页岩样品中吸附实验结果的拟合优度 R^2 在都 0.95 以上；高压阶段，在两组页岩样品上 CH_4 的线性拟合优度平均值分别为 0.98704 和 0.98437，N_2 的拟合优度平均值分别为 0.97815 和 0.97891，CO_2 的线性拟合优度平均值分别为 0.99455 和 0.99100。说明在高压阶段，气体在页岩表面的吸附量与压力之间有很好的线性关系，且随压力升高呈直线下降；拟合效果与气体的吸附能力有关，在页岩表面吸附能力越强的气体拟合效果越好。

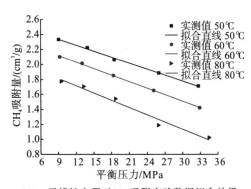

(a) 一元线性方程对 CH_4 吸附实验数据拟合效果

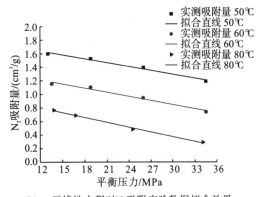

(b) 一元线性方程对 N_2 吸附实验数据拟合效果

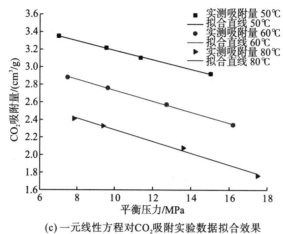

(c) 一元线性方程对CO_2吸附实验数据拟合效果

图 2.16　一元线性方程对高压阶段 CH_4、N_2、CO_2
在凤参 1# 井页岩样品中吸附实验数据的拟合效果图

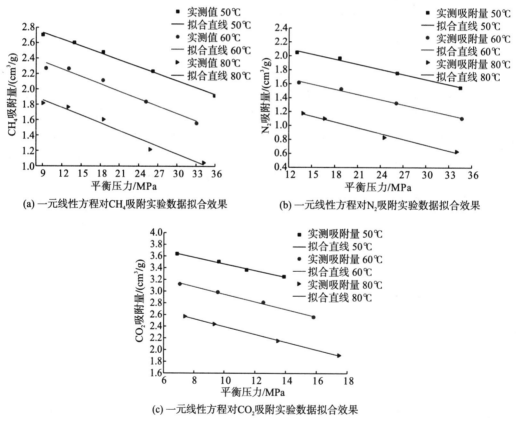

(a) 一元线性方程对CH_4吸附实验数据拟合效果   (b) 一元线性方程对N_2吸附实验数据拟合效果

(c) 一元线性方程对CO_2吸附实验数据拟合效果

图 2.17　一元线性方程对高压阶段 CH_4、N_2、CO_2
在天马 1# 井页岩样品中吸附实验数据的拟合效果图

　　高压阶段由一元线性回归方程计算的吸附量与实测吸附量之间的平均相对误差,计算结果见表 2.36～表 2.38。由表 2.36～表 2.38 可以看出, 在 50～80℃范围内, 高压阶段线

性方程对 CH_4 吸附数据拟合的相对平均误差为 0.0477%～0.2957%；对 N_2 吸附实验数据的拟合相对平均误差为 0.0492%～0.1192%，对 CO_2 吸附实验数据的拟合相对平均误差为 0.0403%～0.1600%，最大值与最小值之间的差值分别为 0.24793%、0.07%、0.1197%。由此可知，利用一元线性回归方程计算的吸附量与实测吸附量之间平均相对误差小，且误差波动也很小。说明 CH_4、CO_2 和 N_2 气体在页岩表面的吸附量与压力之间呈良好且稳定的线性关系。

表 2.36　50℃时高压阶段线性拟合吸附量与实测吸附量之间的平均相对误差

凤参 1#井页岩样品		天马 1#井页岩样品	
气体种类	平均相对误差/%	气体种类	平均相对误差/%
CH_4	0.0576	CH_4	0.1273
N_2	0.0997	N_2	0.0896
CO_2	0.0513	CO_2	0.1204

表 2.37　60℃时高压阶段线性拟合吸附量与实测吸附量之间平均相对误差

凤参 1#井页岩样品		天马 1#井页岩样品	
气体种类	平均相对误差/%	气体种类	平均相对误差/%
CH_4	0.0474	CH_4	0.2927
N_2	0.1192	N_2	0.0764
CO_2	0.0681	CO_2	0.1616

表 2.38　80℃时高压阶段线性拟合吸附量与实测吸附量之间的平均相对误差

凤参 1#井页岩样品		天马 1#井页岩样品	
气体种类	平均相对误差/%	气体种类	平均相对误差/%
CH_4	0.2260	CH_4	0.2957
N_2	0.0492	N_2	0.0914
CO_2	0.1600	CO_2	0.0403

第3章 基于分子模拟的页岩气吸附与解吸数值模拟

3.1 影响页岩气吸附与解吸的主要因素

页岩气藏由吸附气、游离气及少量的溶解气所组成。页岩气在天然裂缝及孔隙中以游离态存在，在干酪根及黏土矿物表面以吸附状态存在，并且当干酪根以溶解状态存在时，页岩对天然气的吸附量最高可达80%。吸附气的含气量因页岩气藏的地理环境差异而存在区别，主要包括矿物组成、有机质含量与成熟度、孔隙结构与大小分布和水分等。

3.1.1 矿物组成

页岩中的矿物成分较多且很复杂，常见的有伊利石、蒙皂石、高岭石等黏土矿物，还含有少量的石英、方解石、长石等碎屑矿物及自生矿物。矿物的相对含量根据其结构及力学性质的不同会直接影响页岩对气体的吸附能力、物性及产能。黏土矿物属于层状硅酸盐矿物，具有较好的吸附性，有较高的微孔体积及较大的比表面积，而Si—O四面体的排列结构决定了所带电荷数的大小及拥有较大的比表面积，因此对天然气、二氧化碳等气体具有较强的吸附能力。岩石的造缝能力随碳酸盐矿物及石英碎屑含量的增加而增强，但岩层对页岩气的吸附能力却随之而减弱，同时页岩的孔隙度也会降低，使游离态页岩气的存储空间减少。但页岩在外力的作用下，极易形成天然的裂隙及渗导裂缝利于页岩气的解吸脱附，这也是水力压裂成功的保证。刘树根等[45]对四川盆地的页岩进行研究表明，石英和碳酸盐矿物含量的增加会降低页岩孔隙，使游离气的存储空间减少，尤其是方解石的胶结作用，将会进一步减少孔隙。因此判断矿物成分对页岩气藏的影响时，应全面考虑各种矿物成分对储层的影响[46]。

武景淑等[47]研究表明：渝东南渝页井页岩气吸附能力及其主控因素页岩吸附能力随黏土矿物含量的增高而增高，其原因可能与黏土矿物中小孔、微孔及比表面积发育有关。马玉龙等[48]研究表明，黏土含量高的页岩在有机碳含量、成熟度相近及压力相同的情况下，其页岩吸附能力也越强；而在有机碳含量较低的页岩中，吸附气含量随伊利石含量的增高而增高。黏土矿物因具有较多的微孔及较大的比表面，因此对气体的吸附能力较强。聂海宽等[49]对四川盆地及其周缘下古生界黑色页岩研究时，发现页岩吸附气含量与石英含量存在一定的正相关，但与黏土矿物呈负相关。

3.1.2 有机质含量与成熟度

总有机碳含量(TOC)指水体中溶解性、悬浮性有机物的总含碳量。目前水体环境中的有机物种类还不能一一进行分离鉴定。TOC 是一个以碳的数量表示水体中含有机物总量的快速检定的综合指标。镜质组反射率(R_o)指镜质体在绿光中的反射光强度与垂直入射光强度的百分比。镜质体的演化过程与生油母质的热裂解过程紧密相连，镜质组反射率随有机质热变质作用的增强而变大，因此可作为一个良好的有机质成熟度指标。

页岩的吸附能力随页岩中 TOC 以及 R_o 的提高逐渐增强。当页岩中 R_o 值相近时，页岩中 TOC 含量就越高，页岩的吸附能力就越强；同理，当页岩中 TOC 含量相近时，页岩的吸附能力也随 R_o 值的增高而增强。熊伟等[50]采用罐解气测试方法研究了孔隙度与 TOC 含量对总解吸气量的影响。结果表明，页岩气藏的孔隙度与总解吸气量无明显关系，而 TOC 含量与总解吸气量存在明显的正相关关系。页岩的总解析气量随页岩的有机质含量的增加而增加。对其 6 块岩心进行等温吸附实验表明页岩的吸附符合 Langmuir 等温模型。通过进一步对比研究 TOC 含量及 R_o 值对页岩吸附能力的影响，结果表明，页岩的吸附能力随 TOC 含量及 R_o 值的增加而增加。当岩心的 TOC 含量相近时，R_o 值越高其吸附能力越强；当岩心的 R_o 值相近时，TOC 含量越高其吸附能力越强。陈康等[51]对湘鄂西地区龙马溪组的大量页岩样品进行实验研究，实验数据拟合表明，在不考虑温度的条件下，基于 Langmuir 等温吸附理论，TOC 含量与吸气量的线性正相关可通过变差函数中的球状模型及反正切函数拟合得到，且得到的页岩吸附气量的拟合效果较好。

3.1.3　孔隙结构与大小分布

岩石孔隙的容积和孔径分布对页岩气的赋存方式有显著影响。按孔隙的平均宽度进行分类，可分为大孔、介孔和微孔。发生气体的层流渗透和毛细管凝聚主要是在大孔和介孔之中，并且大孔和介孔有利于游离态页岩气的储存。相对于大孔和介孔，微孔对页岩气的吸附更为重要，过剩吸附量的多少是由微孔比表面积或微孔体积的大小决定的，微孔是吸附气的主要储集空间。微孔的总体积越大，页岩比表面积越大，就能够提供更多的吸附位，吸附的气体也就越多。同时，微孔孔道的孔壁间距较小，表面与吸附质分子间的相互作用会更加强烈，吸附势能要比大孔高，对气体分子的吸附能力同时也就越强。

在孔径较大时，游离态的气体分子在孔隙中含量会增大；孔隙容积越大，则所含游离态气体含量也就越高。林玉祥等[52]发现当孔隙度从 0.5%增加到 4.2%时，游离态气体的含量会从原来的 5%上升到 50%。姜振学等[53]认为孔隙度与页岩的气体总含量之间会呈正相关的关系，也就是说页岩的气体总含量会随页岩孔隙度的增大而增大。刘圣鑫等[54]也认为气体的吸附能力与微孔比表面积总体上有着正相关性，但同时也受孔径分布的影响。

3.1.4　水分

含水量对页岩吸附能力有很大的影响，含水量的增加会导致页岩孔隙中水分的增加，产生水锁效应，水分子可占据吸附剂表面位置，从而削弱吸附能力，当水分被其他矿物等吸收造成孔隙堵塞时，其吸附量会受到较大的影响，导致干燥的页岩样品吸附量大于有水分的页岩。

页岩水分主要是由外在水分和内在水分组成，外在水分主要存在于页岩储层的表面和页岩中的较大孔隙中；内在水分主要存在于页岩中的内部微小孔隙中。页岩中含有的水分很少，但是也照样占据了一定的容量体积，所以，在计算页岩中甲烷含量的时候，应该去除掉水所占据的空间，应该以有效孔隙来计算。陈金龙等[55]研究发现，当含水率比较大的时候，一般取 4%时，气体被页岩吸附的性能呈直线下降，而且随着含水率的增多，天然气的相态由气态变为溶解态。

3.2 蒙特卡罗方法模拟

3.2.1 蒙特卡罗算法

1. 蒙特卡罗方法

蒙特卡罗（Monte Carlo）方法亦称为随机模拟方法，有时也称作随机抽样技术或统计试验方法。此方法可用作数学、物理、生产管理等方面的近似值求解，但必须建立一个模拟模型，将所有影响解的因素当作输入参数。蒙特卡罗方法可以解决确定性的数学问题以及随机性问题。

结合力学及统计学知识，物理量都是映射函数，都有一一对应的特点，即：

$$<F>=\frac{\int...\int F(\vec{r_1},\vec{r_2},\cdots,\vec{r_N})\exp\left(-\frac{U}{k_B T}\right)\mathrm{d}\vec{r_1}\mathrm{d}\vec{r_2}\cdots\mathrm{d}\vec{r_N}}{\int...\int \exp\left(-\frac{U(\vec{r_1},\vec{r_2},\cdots,\vec{r_N})}{k_B T}\right)\mathrm{d}\vec{r_1}\mathrm{d}\vec{r_2}\cdots\mathrm{d}\vec{r_N}} \tag{3-1}$$

所以，假如只要在结构中选取满足需要的点，并进行积分，即可求得坐标函数的平均值，可以根据下面的步骤进行计算。

(1)在整个大的系统中随机抽选 N 个原子，并标注其坐标的位置。

(2)计算此构型的势能 $U(\vec{r}^N)$ 及函数 F。

(3)计算玻尔兹曼因子 $\exp\left(-\frac{U}{k_B T}\right)$。

(4)对(3)的计算结果进行加和计算，并把(3)中的结果与(1)的坐标函数进行乘积后再加和。然后回到最开始又进行随机抽取点。

(5)当进行计算 N_t 循环以后，F 的平均值的表达式可以表示为：

$$<F>=\frac{\sum_{i=1}^{N_t}F_i\cdot\exp[-U_i(\vec{r}^N)/k_B T]}{\sum_{i=1}^{N_t}\exp[-U_i(\vec{r}^N)/k_B T]} \tag{3-2}$$

2. 蒙特卡罗方法的重要取样

在介绍蒙特卡罗算法中发现，虽然在理论上计算统计的平均值是可行的，但是在计算系统的整体积分时，抽取的考察点要求数量很多，又由于整个结构的大能量，它将会导致产生的几率很小。要想提高出现的几率，计算平均值的时候采取引用随机数进行计算。比如说，采用正则系综为例子，在计算抽取的物理量 A 的平均值的时候，可以采用下面表示的式子：

$$<A>=\int \mathrm{d}\vec{r}^N \rho_{\mathrm{NVT}}(\mathrm{d}\vec{r}^N) A(\mathrm{d}\vec{r}^N) \tag{3-3}$$

采用重要取样进行计算平均值 A 时，采用公式如下：

$$<A>=<A>_{\mathrm{trial}}=\sum_{i=1}^{n} \rho(\vec{r}_i^N) A(\vec{r}_i^N) \tag{3-4}$$

Metropolis 方法的重点是使系综取样符合重要取样的要求，建立转换矩阵。从统计力学的角度来说，对系综结构 $\vec{r}_o^N$ 中的任何一种，它的极限概率 $\rho_o^\infty = \rho_{\mathrm{NVT}}(\vec{r}_o^N)$，所以：

$$\frac{\rho_n^\infty}{\rho_o^\infty} = \frac{\exp[-U(\vec{r}_n^N)/k_\mathrm{B}T]}{\exp[-U(\vec{r}_o^N)/k_\mathrm{B}T]} = \exp(-\Delta U_{\mathrm{on}}/k_\mathrm{B}T) \tag{3-5}$$

式中，ΔU_{on} 为二状态新状态与老状态的势能差。由上述的式子中可知，在解决现实问题时，随机数可以取 0～1 的任何一个数，由此可以表示为图 3.1。

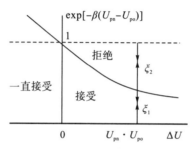

图 3.1　Metropolis 的取样方法

3. 蒙特卡罗分子模拟算法

最基本的分子模拟是以分子的自由运动，根据访问的特殊点 r^N 的概率与玻尔兹曼因子位置正比例来建立的。于是基本的 Monte Carlo 算法可描述为以下步骤：

(1)随机选择一个粒子，并计算其能量 $U(r^N)$；

(2)给该粒子一随机位移，$r' = r + \Delta$，并计算其新能量；

(3)按下式的概率接受从 r^N 至 r'^N 的移动

$$\mathrm{Pacc}(n \to o) = \min\{1, \exp[-[U(r'^N) - U(r^N)]/k_\mathrm{B}T]\} \tag{3-6}$$

基本的 Metropolis 方法见算法 1 及算法 2。

算法 1　基本 Metropolis 算法

PROGARAM　MC	基本的 Metropolis 算法
Do icycl=1，ncycl	执行 *ncycl* 次 MC 循环
Call　mcmove	移动一个分子子程序
If(mod(icycl，nsampl).eq.0)	
Call sample	样本平均子程序
Enddo	
End	

算法注释：(1)子程序 mcmove。对被选中的分子进行尝试移动(见算法2)。

(2)子程序 sample。每 $n$samp 次循环进行一次抽样。

算法2 移动分子尝试

```
SUBROUTINE mcmove                             移动分子尝试

o=int (ranf( )*npart)+1                        随机选取一分子

call ener( x(o)，eno)                          老构型能量

xn=x(o)+(ranf()-0.5)*delx                      给分子一个随机移动

call ener(xn，eno)                             新构型的能量

if(ranf().lt.exp(-beta*(enn-eno)))            接受准则

    x(o)=xn                                    接受：用 xn 替换 x(o)

return

end
```

算法注释：(1)子程序 ener 计算给定位置分子的能量。

(2)注意，如果构型被拒受，则保持原构型。

(3)ranf( )是均匀分布在[0，1]上的随机数。

4. 蒙特卡罗模拟技术细节

分子模拟方法选择的不同，其模拟技术细节也有区别，蒙特卡罗分子模拟方法的技术细节介绍如下。

1)系综

系综是指大量系统的集合，每个系统性质结构完全相同、都是处于运动状态且相互独立。按宏观条件的不同来分类，系综可分为等温等压系综、巨正则系综、微正则系综、正则系综以及等压等焓系综等。等温等压系综又称为 NPT 系综，由于和实验体系相近，可与实验结果直接对比，所以 NPT 系综比较常用，其基本条件就是系统的原子数(N)恒定、压力(P)恒定和温度(T)恒定；巨正则系综在复杂的两相、三相共存的系综中使用较多，其中蒙特卡罗分子模拟使用比分子动力学模拟要多，巨正则系综主要特点是粒子数会发生变化，但模拟中的化学位、体积和温度保持不变；微正则系综又称为 NVE 系综，该系综在分子动力学模拟中运用较多，微正则系综的特点是在模拟过程中系统中的原子数(N)、体积(V)和能量(E)都保持不变。正则系综又可称为 NVT 系综，正则系综的实验系统中一般都保持热平衡状态，其基本特点是系统的原子数(N)、体积(V)和温度(T)都保持不变，并且总动量为零。等压等焓系综也称为 NPH 系综，该系综进行模拟需要保持焓值和压力不变，但是现在这种系综在实际中使用已经不多。页岩气吸附与解吸的研究中，巨正则系综符合研究要求。

2)分子力场及势能函数

分子模拟中核心部分就是分子之间或原子之间的作用力以及其相应的势能函数。从

1980 年研究的恒压条件下的动力学方法至今已经有三十多年，从最初的单原子分子计算扩展到现在的多原子分子、大分子计算。模拟中力场的作用也由最初的范德瓦耳斯作用力到更加复杂的作用力。

分子模拟中的计算量及模拟与真实系统值的相近程度，取决于势能函数的选择正确与否。因为系统的多样性及复杂性使得原子之间的作用力不同，从而很难得到与原系统完全符合的势能函数。根据物质体系的不同，大量的经验公式及半经验公式被人们提出来，并主要分为对势和多体势。

（1）间断对势。

$E=\infty$，当 $r \leqslant r_1$ 时

$E=-\varepsilon$，当 $r_1 \leqslant r < r_2$ 时

$E=0$，当 $r \leqslant r_2$ 时

采用间断势能函数进行模拟，其分子视为硬球体。

（2）连续对势。

Lennard-Jones（L-J）势：

$$\varphi_{ij}\left(r_{ij}\right) = A\left(\frac{d}{r_{ij}}\right)^m - B\left(\frac{d}{r_{ij}}\right)^n \tag{3-7}$$

Born-Lande（B-L）势：

$$\varphi_{ij}\left(r_{ij}\right) = \frac{e^2}{4\pi\varepsilon}\frac{Z_iZ_j}{r_{ij}} + \frac{b}{r_{ij}^m} \tag{3-8}$$

Morse 势：

$$\varphi_{ij}\left(r_{ij}\right) = A\left[e^{-2a(r_{ij}-r_0)} - 2e^{-a(r_{ij}-r_0)}\right] \tag{3-9}$$

Johnson 势：

$$\varphi_{ij}\left(r_{ij}\right) = -A_n(r_{ij}-B_n)^3 + C_nr_{ij} - D_n \tag{3-10}$$

Lennard-Jones 对势函数是应用范围最广的对势，能很好地反应分子间的作用势，常用于惰性气体与流体之间作用的描述。Lennard-Jones 势能形式如下：

$$\mu_{ij} = 4\varepsilon\left[\left(\frac{\sigma}{r_{ij}}\right)^{12} - \left(\frac{\sigma}{r_{ij}}\right)^6\right] \tag{3-11}$$

$$r_{ij} = \sqrt{(x_{ij}^2 + y_{ij}^2 + z_{ij}^2)} \tag{3-12}$$

式中，r_{ij} 为第 i 及 j 两个分子之间的距离；ε 与 σ 为势能参数。式(3-11)中的 12 次方表示两个分子间的排斥力（短程），6 次方表示两个分子之间的吸引力（远程）。L-J 势能曲线如图 3.2 所示。

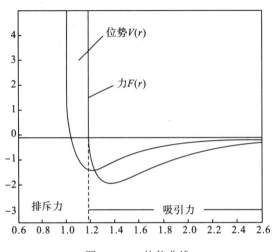

图 3.2　L-J 势能曲线

20 世纪 80 年代以前，人们主要针对"对势"进行开发与运用，80 年代以后开始对多体势进行研究，主要有 EAM 势、SW 势、两体势、三体势等。

EAM 势：

$$\varphi = \sum_i E_i(p_i) + \frac{1}{2} \sum_{j \neq i} \varphi_{ij}(r_{ij}) \tag{3-13}$$

SW 势：

$$\varphi = \sum_{i<j} v_2(r_i, r_j) + \sum_{i<j<k} v_3(r_i, r_j, r_k) + L \tag{3-14}$$

两体势：

$$v_2(r_i, r_j) = \varepsilon f_2\left(\frac{r_{ij}}{\sigma}\right) \tag{3-15}$$

三体势：

$$v_3(r_i, r_j, r_k) = \varepsilon f_3\left(\frac{r_i}{\sigma}, \frac{r_j}{\sigma}, \frac{r_k}{\sigma}\right) \tag{3-16}$$

描述金属原子之间的作用力，EAM 势最为常用；描述半导体材料之间的作用力，SW 势最为常用，SW 势能具有稳定的正四面体结构。

3) 周期性边界条件

蒙特卡罗分子模拟的作用是为整个系统提供宏观的物理信息，由于计算机处理自由度的数目有限，因此输入系统的粒子数目有一定的限制，所以在分子模拟中常采用周期边界条件来减小真实系统粒子数目大于模拟系统粒子数目带来误差。

具体做法是将原胞内储存一定数量(N 个)分子，此原胞也称为模拟盒子。原胞旁边的细胞当成原胞复制而来，亦作镜像细胞。镜像细胞与原胞所含分子数目、形状以及尺寸都完全相同。因此，在研究分子运动时只需计算原胞及周期边界条件，以形成宏观定义上的物质样本，从而在很大程度上减小计算工作量。

　　在计算分子运动时，主要针对原胞进行计算，原胞内分子作用包括胞内流体分子及胞外流体分子作用力，对于胞外流体分子与原胞边界处的作用采用周期性边界条件进行处理。

　　胞内外俯视图如图 3.3 所示，中间加粗线围成的正方形为原胞。原胞的边长为 l，r_c 为截断半径。原胞中流体分子的位置分成 5 个区域，分别是 a、b、c、d 以及 O 区域，其中 a、b、c、d 四个区域的重叠区域分别为Ⅰ、Ⅱ、Ⅲ、Ⅳ区域。根据周期性边界条件，1、2、3、4 区域的流体分子的 x、y 轴坐标分别可由 a、b、c、d 区域的流体分子的 x 或 y 轴坐标平移 l 得到。A、B、C、D 区域的流体分子的 x、y 轴坐标分别可由Ⅰ、Ⅱ、Ⅲ、Ⅳ区域的流体分子的 x、y 轴坐标分别平移 l 得到。

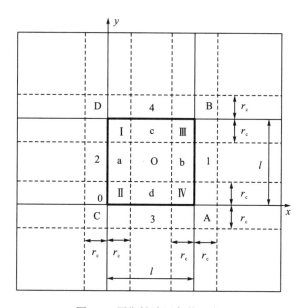

图 3.3　周期性边界条件示意图

　　确定盒子外流体分子的坐标和原胞边界处所有流体分子的坐标，再根据 L-J 势能即可计算原胞外流体分子与原胞边界处流体分子之间的相互作用。与胞外距离大于截断半径的原胞内 O 区域的所有流体分子，只需计算胞内流体分子与之的作用力。与胞外距离小于截断半径的原胞内 a、b、c、d 四个区域的所有流体分子，需要计算胞内流体分子和胞外流体分子与之的作用力。与胞外距离小于截断半径的原胞内Ⅰ、Ⅱ、Ⅲ、Ⅳ四个区域的所有流体分子，以Ⅰ区域为例，此区域内的流体分子，需要计算区域 2、4 流体分子以及区域 d 内流体分子之间的作用力。各个区域内流体分子的坐标关系如下，区域 1 第 i 个分子与区域 a 第 i 个分子坐标的对应关系：

$$\begin{cases} r_1(i,1) = r_a(i,1) + l \\ r_1(i,2) = r_a(i,2) \\ r_1(i,3) = r_a(i,3) \end{cases} \tag{3-17}$$

同样，可以得到其他区域的对应坐标：

$$\begin{cases} r_2(i,1) = r_b(i,1) - l \\ r_2(i,2) = r_b(i,2) \\ r_2(i,3) = r_a(i,3) \end{cases} \tag{3-18}$$

$$\begin{cases} r_3(i,1) = r_c(i,1) \\ r_3(i,2) = r_c(i,2) - l \\ r_3(i,3) = r_c(i,3) \end{cases} \tag{3-19}$$

$$\begin{cases} r_4(i,1) = r_a(i,1) \\ r_4(i,2) = r_a(i,2) + l \\ r_4(i,3) = r_a(i,3) \end{cases} \tag{3-20}$$

$$\begin{cases} r_A(i,1) = r_I(i,1) + l \\ r_A(i,2) = r_I(i,2) - l \\ r_A(i,3) = r_I(i,3) \end{cases} \tag{3-21}$$

$$\begin{cases} r_B(i,1) = r_{II}(i,1) + l \\ r_B(i,2) = r_{II}(i,2) + l \\ r_B(i,3) = r_{II}(i,3) \end{cases} \tag{3-22}$$

$$\begin{cases} r_C(i,1) = r_{III}(i,1) - l \\ r_C(i,2) = r_{III}(i,2) - l \\ r_C(i,3) = r_{III}(i,3) \end{cases} \tag{3-23}$$

$$\begin{cases} r_D(i,1) = r_{IV}(i,1) - l \\ r_D(i,2) = r_{IV}(i,2) + l \\ r_D(i,3) = r_{IV}(i,3) \end{cases} \tag{3-24}$$

其中，$r_1(i,1)$、$r_1(i,2)$ 和 $r_1(i,3)$ 分别表示为在 l 区域中第 i 个流体分子的横坐标、纵坐标和 z 轴坐标。流体分子在任何一个区域的横坐标、纵坐标、z 轴坐标都可以根据上述原理得到。

4) 最近邻像变化法

截断半径法又称最近邻像变化法，对于势能函数，粒子间的距离与势能呈反比例关系。当分子间距离为 $r=2.5\sigma$ 时，势能的值竟会减小到大约为阱深的 1/60。在进行模拟体系内 N 个分子数的势能计算的时候，只要有相互之间存在任何作用的都应该不可忽略，总共计算 $N(N+1)/2$ 次，对于实际模拟是不必要的，因此对实际模拟进行位能截断，从而减小计算量及时间，从而提高模拟效率。

蒙特卡罗分子模拟有截断 L-J 半径法和截断漂移 L-J 法，截断半径法取半径范围为 2.5σ 或 3.5σ（σ 为流体分子的直径），把流体分子之间距离与截断半径进行比较，当前者大于后者，可以不计算相互间的作用力，但是应该满足条件截断半径≤1/2 模拟盒长。当前者小于后者，则必须计算两者之间的作用力。计算势能采用下列公式计算。

$$\varphi(r) = \begin{cases} \varphi_{L\text{-}J}(r), & r < r_c \\ 0, & r \geq r_c \end{cases} \tag{3-25}$$

截断漂移法之间的势能用下列式子表示：

$$\varphi(r) = \begin{cases} \varphi_{L\text{-}J}(r) - \varphi_{L\text{-}J}(r_c), & r < r_c \\ 0, & r \geqslant r_c \end{cases} \tag{3-26}$$

式中，$\varphi(r)$——流体分子之间的势能；

　　　r——流体分子之间的距离；

　　　r_c——为截断半径。

5）模拟系统的初始化

在模拟系统启动之前，需对模拟盒子中所有粒子进行初始化，即赋予各粒子的初始位置及条件。合理的初始化可使模拟系统迅速达到平衡状态，减小计算量，缩短计算时间。模拟结构须与初始化中粒子的位置相容，常见的粒子分布有简立方晶格分布（图3.4）、体心立方晶格分布（图3.5）、面心立方晶格分布（图3.6）和金刚石晶格分布（图3.7）。

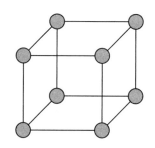

图 3.4　简立方晶格分布

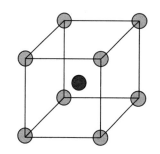

图 3.5　体心立方晶格分布

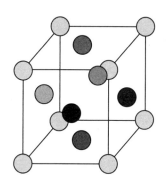

图 3.6　面心立方晶格分布

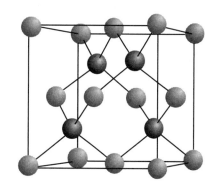

图 3.7　金刚石晶格分布

晶体结构定义为均衡匀称的液态系统的最初位置。比如最常见的 CO_2 和 H_2O 分子的体积较小。因此，最初位置可以随意定义在某一位置。理论上，模拟系统的相关物理量统计在平衡后不会因平衡前的初始速度及初始排布不同而有区别。

6）尝试移动

模拟对于尝试移动比较看重，尝试移动主要是仅含分子质心的移动和改变分了的构象以及分子的方位两种组成。小分子考虑上述尝试移动的第一种，而大分子则考虑上述尝试移动的第二种。

使用 Metropolis 重要方法取样，计算含有 N 个粒子系综的分子尝试移动时，实际操作步骤为：挑选系综内任意一个粒子，对其进行初始化，产生定值范围内位移。设定粒子原始坐标为 $(x_{old}, y_{old}, z_{old})$，尝试移动后的粒子新坐标为 $(x_{new}, y_{new}, z_{new})$，则：

$$x_{new} = x_{old} + \delta r_{max}(1 - 2 \cdot \text{rand})$$
$$y_{new} = y_{old} + \delta r_{max}(1 - 2 \cdot \text{rand}) \qquad (3-27)$$
$$z_{new} = z_{old} + \delta r_{max}(1 - 2 \cdot \text{rand})$$

式中，rand 为 0~1 的均匀随机数。

7) 对比单位

在模拟中，先将物理单位如温度、压力、密度等进行对比化处理，这样做的好处有如下两点。

(1) 对应状态原理：同一 L-J 模型的模拟可用于研究在 60K 和 840kg/m³ 下的氩气及在 112K 和 1617kg/m³ 下的氙气，用对比单位，两者的模型对应于同一状态 $\rho^* = 0.5$，$T^* = 0.5$。采用对比单位可直接看出两次模拟的状态是一样的。

(2) 模拟中如全采用国际通用单位制，而不是对比单位，分子质量单位为 g，则量纲为 10~22，位置以 cm 为单位，则量纲为 10~8，使用乘法对此相乘，使得计算结果与 1 相离甚远，在计算中可能会忽略或者溢出，导致计算结果失真，甚至导致系统崩溃。因此，采用了对比单位进行运算，现将该次研究中涉及的量列入表 3.1。

表 3.1   涉及的量及其符号和单位

对象	符号	单位
化学势	μ	J
体积	V	nm³
温度	T	K
压强	P	Pa
狭缝孔宽度	H	nm
分子间距离	r	nm
碳原子所在的晶面间距	Δ	nm
碳原子尺寸参数	σ_{ww}	nm
甲烷分子的尺寸参数	σ_{ff}	nm
碳原子能量参数	ε_{ww}	J
甲烷分子的能量参数	ε_{ff}	J
页岩密度	ρ_w	nm³
甲烷分子间的作用能	φ_{ff}	J
甲烷与碳墙作用能	φ_{fw}	J
De broglie 波长	λ	nm
Boltzmann 常数	k_B	J·K^{-1}

根据矩阵定义，可得量纲矩阵为

$$\begin{array}{ccccccccc} \mu & V & T & P & H & \rho_{w} & k_{B} & \varepsilon_{ff} & \sigma_{ff} \end{array}$$

$$\begin{bmatrix} 1 & 0 & 0 & 1 & 0 & 0 & 1 & 1 & 0 \\ 0 & 3 & 0 & -3 & 1 & -3 & 0 & 0 & 1 \\ 0 & 0 & 1 & 0 & 0 & 0 & -1 & 0 & 0 \end{bmatrix} \begin{bmatrix} E \\ L \\ \Theta \end{bmatrix} \tag{3-28}$$

式中，E、L、Θ 分别表示能量、长度、和温度的量纲。

可得到模拟中涉及的变量的对比单位如下：

$$\mu^{*} = \mu / \varepsilon_{ff} \qquad V^{*} = V / \sigma_{ff}^{3} \qquad T^{*} = k_{B} T / \varepsilon_{ff} \qquad P^{*} = P \sigma_{ff}^{3} / \varepsilon_{ff}$$

$$H^{*} = H / \sigma_{ff} \qquad \Delta^{*} = \Delta / \sigma_{ff} \qquad \phi_{ff}^{*} = \phi_{ff} / \varepsilon_{ff} \qquad \phi_{fw}^{*} = \phi_{fw} / \varepsilon_{ff}$$

$$\sigma_{fw}^{*} = \sigma_{fw} / \sigma_{ff} \qquad \varepsilon_{fw}^{*} = \varepsilon_{fw} / \varepsilon_{ff} \qquad \lambda^{*} = \lambda / \sigma_{ff} \qquad \rho^{*} = \rho \sigma_{ff}^{3}$$

3.2.2　模拟系统建立

在蒙特卡罗方法的基础上，结合重要取样和吸附解吸原理，建立页岩对甲烷吸附解吸模拟系统包括以下几个步骤：进行系综选择；建立吸附解吸的页岩微孔模型；周期边界条件；启动模拟；模拟中的随机过程；GCMC 模拟流程；宏观因素微观化处理。

1. 系综选择

微正则系综的体系能量守恒，正则系综中粒子数、体积、温度恒定，在研究吸附问题中，被吸附物质的粒子数量是一个与压力、温度相关的函数。在巨正则系综中，模拟盒子中温度、体积、化学势都是恒量，但是粒子数可以变化，因此研究采用巨正则系综。通过对若干分子微元的性质研究，确定宏观所表现出的有关性质。

2. 建立吸附模型

1）页岩模型

页岩属于多孔介质，内部孔隙、裂隙发育主要与之成因有关，研究使用狭缝孔模型表示页岩内部孔隙结构，图 3.8 为流体分子在狭缝孔中流动示意图，上下两平板为碳原子墙，中间圆圈表示甲烷分子，碳原子层之间的距离为狭缝孔孔径 H，吸附在平板表面的甲烷分子呈吸附态，平板中间的甲烷分子为游离态。

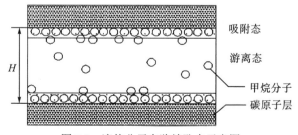

图 3.8　流体分子在狭缝孔中示意图

2) 势能模型

在微小的狭缝孔中的甲烷分子的总势能 φ_T，主要分为流体与流体之间的势能 φ_{ff} 和流体与狭缝孔之间的势能 φ_{fw} 两种势能。本书使用截断漂移 L-J 势能描述分子之间的势能。

$$\varphi_{ff} = \begin{cases} \varphi_{L\text{-}J}(r) - \varphi_{L\text{-}J}(r_c) & r < r_c \\ 0 & r > r_c \end{cases} \tag{3-29}$$

式中，φ_{ff}——两流体分子之间势能；

r——两流体分子间半径；

r_c——截断半径，r_c 一般取 2.5～3.5σ，本次研究取 $r_c = 2.5\sigma$；

$\varphi_{L\text{-}J}(r)$——L-J 势能，表达式及参数意义见式(3-7)。

将狭缝孔垂直方向定义为 z 轴，选取平均场理论的模型作为流体分子与狭缝孔之间的势能模型，则势能表达式为：

$$\varphi_{fw}(z) = 2\pi \rho_w \varepsilon_{fw} \sigma_{fw}{}^2 \Delta \left[0.4\left(\frac{\sigma_{fw}}{z}\right)^{10} - \left(\frac{\sigma_{fw}}{z}\right)^4 - \left(\frac{\sigma_{fw}{}^4}{3\Delta(0.61\Delta + z)^3}\right) \right] \tag{3-30}$$

式中，ρ_w——碳孔墙的数密度，为 $114\,\text{nm}^{-3}$；

Δ——取值为 0.335nm；

z——流体分子和页岩碳孔墙之间的距离；

ε_{fw} 和 σ_{fw}——交互作用参数。

不同原子间的 L-J 作用常数通常以下式计算：

$$\begin{cases} \sigma_{fw} = (\sigma_{ff} + \sigma_{ww})/2 \\ \varepsilon_{fw} = (\varepsilon_{ff} \cdot \varepsilon_{ww})^{1/2} \end{cases} \tag{3-31}$$

在固定孔径 H 中，流体分子在狭缝孔的总势能为上述两种势能的总和：当孔径 H 一定时，流体分子在页岩孔中的总势能 φ_T 可表示为：$\varphi_T = \varphi_{ff} + \varphi_{fw}(z) + \varphi_{fw}(H-z)$。甲烷和碳孔墙的能量参数和尺寸参数见表 3.2。

表 3.2 甲烷和碳孔墙的能量参数和尺寸参数

CH$_4$		碳墙	
σ_{ff}/nm	$\varepsilon_{ff} \cdot k^{-1}/\text{K}$	σ_{ww}/nm	$\varepsilon_{ww} \cdot k^{-1}/\text{K}$
0.372	161.3	0.34	28.0

3. 周期边界条件

在确定压强 P 及温度 T 的条件下，设定吸附模拟程序及解吸模拟程序初始分子数密度，经过无量纲化后的值分别为 0.05 及 0.2。原胞体积为 $l \times l \times H$，（$l \times l = 180\sigma_{ff}^2$），可用 GCMC 方法模拟甲烷分子被页岩吸附的描述。如图 3.3 所示，与碳孔墙（上下两平行板）垂直的方向为 z 轴，在确定孔径的狭缝孔中，可在 x 轴及 y 轴方向上采用周期性边界条件。

4. 初始化

蒙特卡罗分子模拟平衡与初始条件无关，在模拟系统启动之前，需对模拟盒子中所有粒子进行初始化，即赋予各粒子的初始位置及条件。合理的初始化可使模拟系统迅速达到平衡状态，减小计算量，缩短计算时间。若分子的体积很小，如二氧化碳分子、水分子等，其初始位置可任意定义。理论上，模拟系统的相关物理量统计在平衡后不会因平衡前的初始速度及初始排布不同而有区别。

5. 模拟中的随机过程

在巨正则蒙特卡罗整个模拟中，原胞里流体分子都存在运动、出现和消失三种概率情况。

(1) 粒子移动。选择原胞中任一粒子，从初始位置移动到新位置，其接受概率为：

$$P_{acc}(s \rightarrow s') = \min\left\{1, \exp[-\beta[\varphi(s'^N) - \varphi(s^N)]]\right\} \tag{3-32}$$

(2) 粒子插入。在原胞中的随机位子插入一个粒子。

$$P_{acc}(N \rightarrow N+1) = \min\left[1, \frac{V}{\Lambda^3(N+1)}\exp\left\{\beta[\mu - \varphi(N+1) + \varphi(N)]\right\}\right] \tag{3-33}$$

(3) 粒子删除。在原胞中随机选择一个分子删除。

$$P_{acc}(N \rightarrow N-1) = \min\left[1, \frac{\Lambda^3(N)}{V}\exp\left\{\beta[\mu + \varphi(N-1) - \varphi(N)]\right\}\right] \tag{3-34}$$

式中，$\Lambda = \left(\dfrac{h^2}{2\pi m k_B T}\right)^{1/2}$——得布罗意波长，其中 h 为普朗克常数；

β、k_B——$\beta = 1/(k_B T)$，k_B 为玻尔兹曼常数；

N——流体分子数。

粒子的移动、插入、删除概率分别与随机数(0~1)进行比较，若随机数小于其概率，则该过程被接受并产生新构型，若随机数大于其概率，则该过程被拒绝并回到老构型。

6. GCMC 模拟流程

GCMC 模拟流程主要有以下几个步骤。

(1) 模拟初始化，输入模拟中所需的宏观参数，并将宏观参数进行无纲量化。

(2) 产生随机数，如果 $0 < \xi < 1/3$，则进入移动过程，按照接受概率判断流体分子是否移动；如果 $1/3 \leqslant \xi < 2/3$，则进入产生过程，按照接受概率判断是否产生一个流体分子；如果 $\xi \geqslant 2/3$，则进入删除过程，按照接受概率判断是否删除一个流体分子，每移动、产生或删除一个流体分子，系统的构型就增加一个。

(3) 判断系统构型数是否达到规定的个数，若未达到，则认为系统未达到平衡，则返回步骤(2)；若已达到，则认为系统达到平衡，进行系统平均。

(4) 判断系统平均是否结束，若没结束，则返回步骤(2)；若已结束，则退出随机过程，模拟结束。

蒙特卡罗分子模拟中，狭缝孔吸附流体分子的系综中须经过多个构型才能达到平衡。

平衡构型一般在 105～107，在本次模拟中，采用的步数为 2×105 次，前 1×105 次作为模拟平衡前的构型舍去，后 1×105 次用于吸附量统计。由于程序能在个人电脑上进行模拟操作，所以要控制模拟次数，研究采用 1s 模拟 50 次 MC 构型改变，采用 64 位电脑模拟 20 万次的模拟时间为：t=2×105/(50×3600)/2≈0.55(h)，采用 64 处理器，整个模拟过程有 7 个平衡点，因此整个模拟时间约为：3.885(h)，模拟流程图如图 3.9 所示。

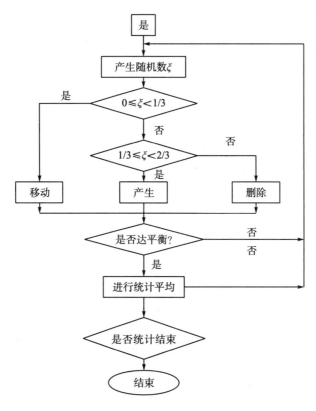

图 3.9　GCMC 模拟流程图

7. 宏观因素微观化处理

根据吸附定义式：

$$\Gamma = \rho_{\mathrm{T}} / (N_{\mathrm{A}} \cdot \sigma_{\mathrm{ff}}^3 \cdot \rho_{\mathrm{c}}) \tag{3-35}$$

式中，ρ_T——孔中流体平均数密度；

N_{A}——阿伏伽德罗常数；

σ_{ff}^3——流体分子的尺寸参数；

ρ_{c}——与页岩的密度有关。

在平板孔模型中，对局部密度在孔径为 H 的孔内积分，即可得到孔中流体的平均数密度：

$$\rho_{\mathrm{T}} = \frac{1}{H} \int_0^H \rho^*(z)\mathrm{d}z \tag{3-36}$$

$$\rho*(z) = \rho(z)\sigma_{\text{ff}}^3 \tag{3-37}$$

式中，H——狭缝孔径。

平均数密度是一宏观量，由式(3-36)可知，平均数密度是通过微观积分而成的宏观物理量，而局部密度 $\rho(z)$ 是与吸附面有关的微观量，即将宏观表示的平均数密度与微观表示的局部密度联系起来。考虑水分、矿物质的吸附量表达式：

$$\Gamma_n = m \cdot (1-x-y)\rho_{\text{T}} / (N_{\text{A}} \cdot \sigma_{\text{ff}}^3 \cdot \rho_{\text{c}}) \tag{3-38}$$

由式(3-38)可知，$m(\text{g})$ 的无吸附性黏土矿物含量为 $x(\%)$，水分含量为 $y(\%)$，则吸附剂含量(g)可表示为 $m \cdot (1-x-y)$。在宏观吸附参数微观化的处理过程中，影响页岩吸附量的主要参数有样品质量、有机质含量、水分、矿物含量、狭缝孔孔径、流体分子尺寸(甲烷直径)及页岩密度。

3.2.3　模拟系统开发

基于前面的理论分析，设定页岩吸附解吸模拟模型的相关宏观参数，利用 Visual C++6.0 为程序开发环境，编写 MFC(Microsoft foundation classes)模拟程序，并针对不同参数条件下的吸附情况进行模拟，将吸附解吸模拟结果与高压等温吸附仪的实验结果进行对比，以验证编译的 MFC 程序的正确性及可行性。

1. 模拟程序开发环境

Visual C++是一个由微软公司开发的环境，是开发可视化编程工具重要的成员之一，Visual C++上有大量与 MFC 相关的 API 函数以及编辑、编译和调试工具，从而在很大程度上缩短程序开发的周期。如今 Windows 操作系统都是由 C 语言或者 C++语言写成，在Windows 上使用 Visual C++开发 MFC 应用程序就变得十分方便，且兼容性更强，系统更加稳定。

Visual C++6.0 集成开发环境提供了各种工具和向导以支持可视化编程，他们包括标题栏、项目工作区、状态栏、菜单栏、文档窗、工具栏及信息输出窗口等工具，以及程序向导 AppVizard、类向导 ClassVizrd 等向导，如图 3.10 所示。

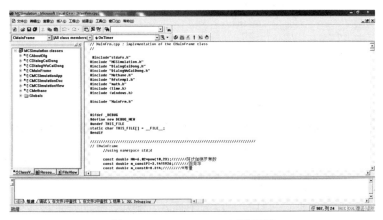

图 3.10　Visual C++6.0 开发环境

2. 算法流程

GCMC 算法流程如图 3.9 所示。

3. 程序界面与操作流程

1) 程序界面

根据程序需要直观显示的特点，程序采用单文档应用程序作为程序界面主窗口，以便直观显示。程序主窗口界面如图 3.11 所示。

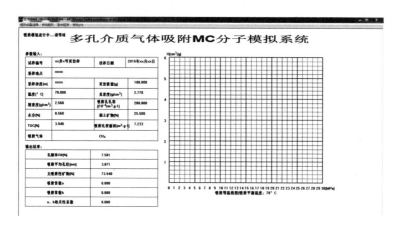

图 3.11　程序界面

参数输入对话框界面如图 3.12 所示。

图 3.12　参数输入界面

模拟结束后，模拟生成的吸附曲线如图 3.13 所示。

模拟过程数据记录文件：包括每一步分子插入、删除、移动是否被接受，构型改变后的能量，生成的随机数等详细信息，如图 3.14 所示。

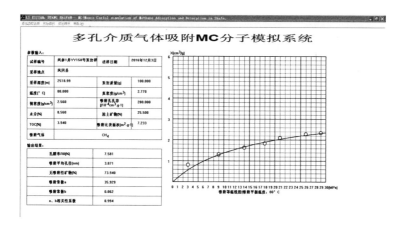

图 3.13　吸附等温曲线

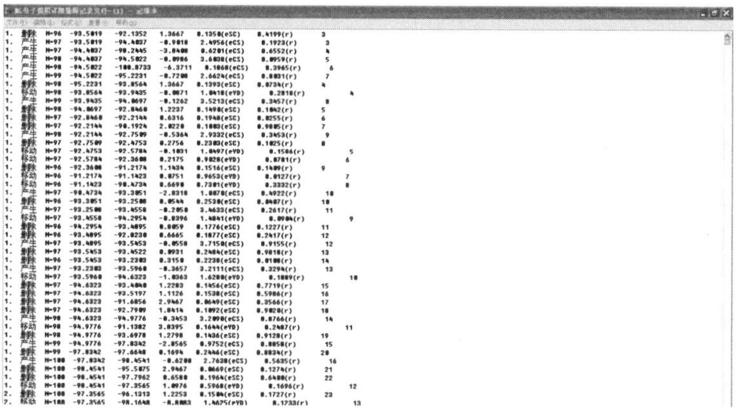

图 3.14　详细数据记录文件

2) 主要函数实现及说明

主要函数的实现及说明见表 3-3

表 3.3　主要函数说明表

函数名称	函数类型	所在类	函数用途
OnMENUwucaidong()	Void	class CMainFrame	调用参数并显示输入对话框,以进行参数输入
DbclCal()	void	class CMainFrame	将输入参数换算成对比单位,并换算出初始分子数,进行随机排布,相当于初始化函数
GeneRand(double Rand_Min, double Rand_Max)	double	class CMainFrame	根据伪随机数算法,生成 Rand_Min-Rand_Max 之间的均匀随机数
Energry(CMethane *p, int N)	double	class CMainFrame	计算以 p 为头指针的分子链系统的总能量
OnMENUmonikaishi()	void	class CMainFrame	启动模拟
OnTimer(UINT nIDEvent)	void	class CMainFrame	在一秒内进行 50MC 构型改变的运算(包括插入、移动、删除)
OnDraw(CDC* pDC)	void	class CMCsimulationView	主要对程序界面坐标的绘制和对程序界面吸附量、吸附曲线的绘制

3.3 模拟结果对比分析

为了对模拟数据及高压等温吸附实验曲线、吸附常数、孔隙率、吸附平均孔直径、无吸附性矿物含量进行对比,讨论模拟程序产生误差的原因以及验证程序的正确性。实验主要选取凤冈县凤参 1#井及岑巩县天马 1#井页岩样品进行等温吸附实验研究。

3.3.1 实验与模拟结果对比

为研究页岩样品在各个温度、压力下的吸附特性,在实验中,分别以温度为 50℃、60℃、70℃、80℃、90℃,压力范围为 0~30MPa 下进行 5 次等温吸附实验。为避免实验重复利用样品(防止高压下破坏页岩内部结构),将 1 个实验样品五等分进行实验,减小误差。

1. 凤参 1#井实验与模拟结果对比分析

凤参 1#井所取实验样品位于地下 2518.99m,其钻井实测温度为 70℃,因此首先将 70℃条件下实验数据与模拟结果进行对比分析。依次对 50℃、60℃、80℃、90℃条件下实验数据及模拟结果进行对比分析。凤参 1#井页岩样品实验基本数据及模拟输入参数数据见表 3.4。

表 3.4　凤参 1#井实验数据与模拟输入参数数据

	参数	
	实验	模拟
深度/m	2518.99	2518.99
黏土矿物/%	25.5	25.5
真密度/(g/cm^3)	2.77	2.77
视密度/(g/cm^3)	2.56	2.56
TOC/%	3.04	3.04
水分/%	0.56	0.56
孔容/(10^{-4}cm^3/g)	280	280
比表面积/(m^2/g)	7.233	7.233

1)70℃下凤参 1#井模拟、实验数据对比

图 3.15 为 70℃条件下凤参 1#井 YY150 样品实验曲线,图 3.16 为自行编制的凤参 1#井 70℃的 MC 分子模拟吸附程序模拟曲线。

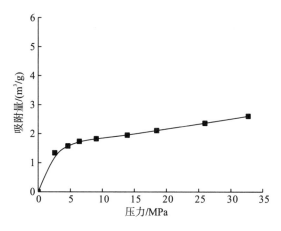

图 3.15　凤参 1#井吸附实验曲线(70℃)

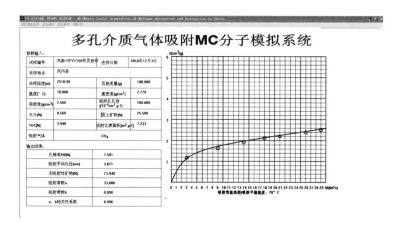

图 3.16　凤参 1#井吸附实验模拟曲线(70℃)

图 3.17 为吸附实验和模拟吸附曲线对比图(70℃)。

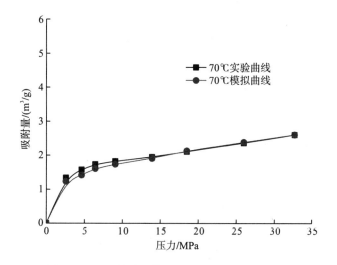

图 3.17　吸附实验和模拟吸附曲线对比图(70℃)

当达到吸附平衡压力时，吸附量在各点的数据对比见表 3.5。

表 3.5　各平衡压力下吸附量数据对比

	平衡压力/MPa						
	2.6	4.6	6.4	9.0	14.0	18.5	26.0
实验值/(m³/g)	1.34	1.57	1.73	1.82	1.94	2.1	2.61
模拟值/(m³/g)	1.24	1.42	1.61	1.74	1.91	2.13	2.39
绝对误差/%	0.1	0.15	0.12	0.08	0.03	0.02	0.22
相对误差/%	7.55	9.93	7.17	4.7	2.0	0.59	0.96

2) 50℃下凤参 1#井模拟、实验数据对比

图 3.18 为 50℃条件下凤参 1#井 YY150 样品实验曲线。

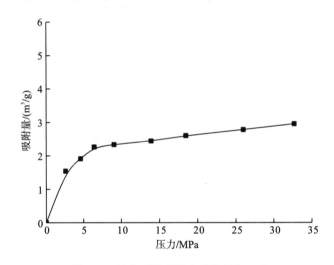

图 3.18　凤参 1#井吸附实验数据(50℃)

图 3.19 为自行编制的凤参 1#井 50℃时的 MC 分子模拟吸附程序模拟曲线。

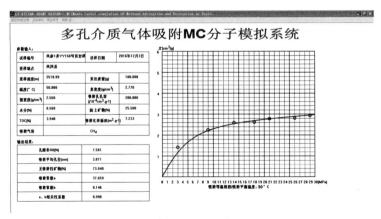

图 3.19　凤参 1#井吸附实验模拟曲线(50℃)

图 3.20 为吸附实验和模拟吸附曲线对比图(50℃)。

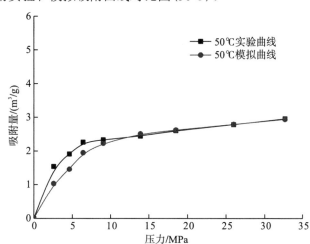

图 3.20　吸附实验和模拟吸附曲线对比图(50℃)

当达到吸附平衡压力时,吸附量在各点的数据对比见表 3.6。

表 3.6　平衡压力下各吸附量数据对比

	平衡压力/MPa						
	2.6	4.6	6.4	9.0	14.0	18.5	26.0
实验值/(m³/g)	1.5424	1.9110	2.2622	2.3338	2.4427	2.6054	2.7824
模拟值/(m³/g)	1.1300	1.4600	1.9500	2.2300	2.5100	2.6200	2.7900
绝对误差/%	0.424	0.451	0.3122	0.1038	0.0673	0.0145	0.0076
相对误差/%	27.5	23.6	13.8	4.4	2.8	0.55	0.27

3)60℃下凤参 1#井模拟、实验数据对比

图 3.21 为 60℃条件下凤参 1#井 YY150 样品实验曲线。

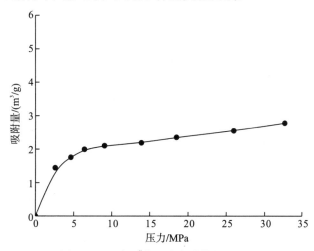

图 3.21　凤参 1#井吸附实验数据(60℃)

图 3.22 为自行编制的凤参 1#井 60℃时的 MC 分子模拟吸附程序模拟曲线。

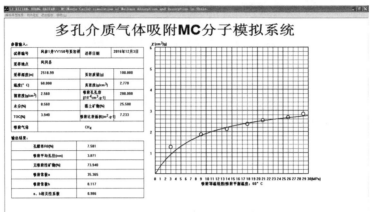

图 3.22   凤参 1#井吸附实验模拟曲线(60℃)

图 3.23 为吸附实验和模拟吸附曲线对比图(60℃)。

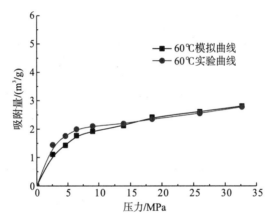

图 3.23   吸附实验和模拟吸附曲线对比图(60℃)

达当达到吸附平衡压力时,吸附量在各点的数据对比见表 3.7。

表 3.7   平衡压力下各吸附量数据对比

	平衡压力/MPa						
	2.6	4.6	6.4	9.0	14.0	18.5	26.0
实验值/(m³/g)	1.4438	1.7564	1.9947	2.1014	2.1883	2.3521	2.5504
模拟值/(m³/g)	1.1500	1.4300	1.7600	1.9500	2.1700	2.3200	2.6000
绝对误差/%	0.2938	0.3264	0.2347	0.1514	0.0183	0.0321	0.0496
相对误差/%	20.3	18.6	11.7	7.2	0.84	1.4	1.9

4)80℃下凤参 1#井模拟、实验数据对比

图 3.24 为 80℃条件下凤参 1#井 YY150 样品实验曲线。

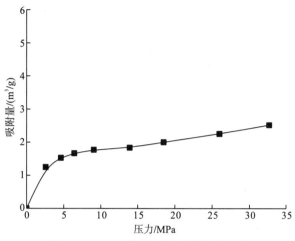

图 3.24　凤参 1#井吸附实验数据(80℃)

图 3.25 为自行开发程序的凤参 1#井 80℃时的 MC 分子模拟吸附程序模拟曲线。

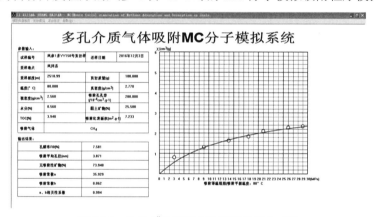

图 3.25　凤参 1#井吸附实验模拟曲线(80℃)

图 3.26 为吸附实验和模拟吸附曲线对比图(80℃)。

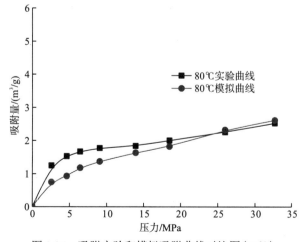

图 3.26　吸附实验和模拟吸附曲线对比图(80℃)

当达到吸附平衡压力时，吸附量在各点的数据对比见表 3.8。

表 3.8   平衡压力下各吸附量数据对比

	平衡压力/MPa						
	2.6	4.6	6.4	9.0	14.0	18.5	26.0
实验值/(m³/g)	1.2501	1.5282	1.6683	1.7720	1.8366	2.0023	2.2543
模拟值/(m³/g)	0.7700	0.9300	1.1800	1.3700	1.6300	1.8200	2.3200
绝对误差/%	0.4801	0.5982	0.4883	0.4020	0.2066	0.1823	0.0657
相对误差/%	38.4	39.1	29.3	22.7	11.2	9.1	2.8

5)90℃下凤参 1#井模拟、实验数据对比

图 3.27 为 90℃条件下凤参 1#井 YY150 样品实验曲线。

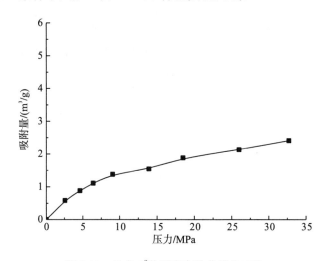

图 3.27   凤参 1#井吸附实验曲线(90℃)

图 3.28 为自行编制的凤参 1#井 90℃时的 MC 分子模拟吸附程序模拟曲线。

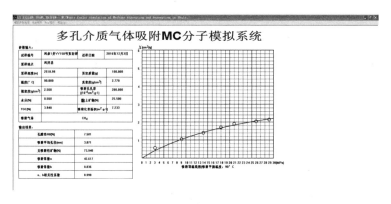

图 3.28   凤参 1#井吸附实验模拟图(90℃)

图 3.29 为吸附实验和模拟吸附曲线对比图（90℃）。

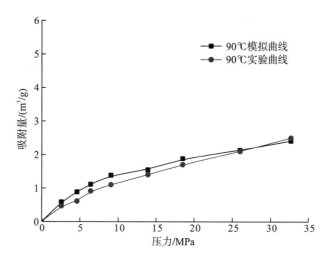

图 3.29　吸附实验和模拟吸附曲线对比图（90℃）

当达到吸附平衡压力时，吸附量在各点的数据对比见表 3.9。

表 3.9　平衡压力下各吸附量数据对比

	平衡压力/MPa						
	2.6	4.6	6.4	9.0	14	18.5	26
实验值/(m³/g)	0.5245	0.7545	1.0121	1.2823	1.4433	1.7834	2.1353
模拟值/(m³/g)	0.4700	0.6800	0.8700	1.1200	1.4300	1.7200	2.1100
绝对误差/%	0.0545	0.0745	0.1421	0.1623	0.0133	0.0634	0.0253
相对误差/%	10.4	9.8	14.0	12.6	0.9	3.5	1.2

对比凤参 1#井不同温度下实验与模拟效果，当温度为 70℃时，实验结果和模拟结果相对误差都在 10%以下，平均相对误差为 4.7%（<5%），实验与模拟的吸附曲线较为吻合，说明模拟方法的可行性和程序的正确性；当温度在 50℃、60℃、90℃时，实验和模拟结果平均相对误差基本在 5%左右；当温度在 80℃时，实验结果和模拟结果相差较大，可能的原因为实验中出现误差。

2. 天马 1#井实验与模拟结果对比分析

天马 1#井所取实验样品位于地下 1459.22m，由于实验样品数量及实验经费限制，对天马 1#井只进行 50℃、60℃、80℃等温吸附实验，以及与模拟结果进行对比分析。天马 1#井页岩样品实验基本数据及模拟输入参数数据见表 3.10。

表 3.10　天马 1#井实验数据与模拟输入参数数据

	参数	
	实验	模拟
深度/m	1459.22	1459.22
黏土矿物/%	8.9	8.9
真密度/(g/cm³)	2.75	2.75
视密度/(g/cm³)	2.46	2.46
TOC/%	5.05	5.05
水分/%	0.51	0.51
孔容/(10⁻⁴cm³/g)	637	637
比表面积/(m²/g)	15.46	15.46

1)50℃下天马 1#井模拟、实验数据对比

图 3.31 为 50℃条件下天马 1#井 TM-2 样品实验曲线。

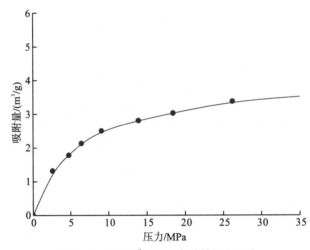

图 3.31　天马 1#井吸附实验数据(50℃)

图 3.32 为自行编制的天马 1#井 50℃的 MC 分子模拟吸附程序模拟曲线。

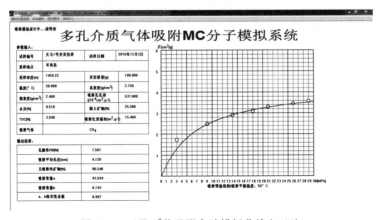

图 3.32　天马 1#井吸附实验模拟曲线(50℃)

图 3.33 为吸附实验和模拟吸附曲线对比图(50℃)。

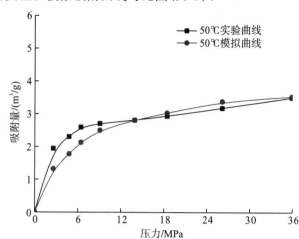

图 3.33 天马 1#井吸附实验和模拟吸附曲线对比图(50℃)

当达到吸附平衡压力时,吸附量在各点的数据对比见表 3.11。

表 3.11 平衡压力下各吸附量数据对比

	平衡压力/MPa						
	2.6	4.6	6.4	9.0	14.0	18.5	26.0
实验值/(m³/g)	1.9457	2.3029	2.5950	2.7063	2.8091	2.9322	3.1785
模拟值/(m³/g)	1.3200	1.7800	2.1300	2.5000	2.8100	3.0300	3.3800
绝对误差/%	0.6257	0.5229	0.4650	0.2063	0.0673	0.0978	0.2015
相对误差/%	32.20	22.70	17.90	7.60	0.03	3.30	6.30

2)60℃下天马 1#井模拟、实验数据对比

图 3.34 为 60℃条件下天马 1#井 TM-2 样品实验曲线。

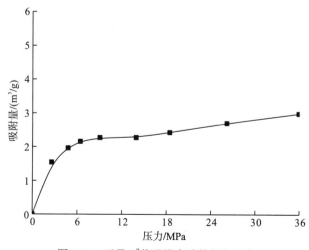

图 3.34 天马 1#井吸附实验数据(60℃)

图 3.35 为自行编制的天马 1#井 60℃时的 MC 分子模拟吸附程序模拟曲线。

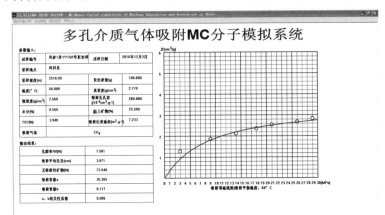

图 3.35　天马 1#井吸附实验模拟曲线(60℃)

图 3.36 为吸附实验和模拟吸附曲线对比图(60℃)。

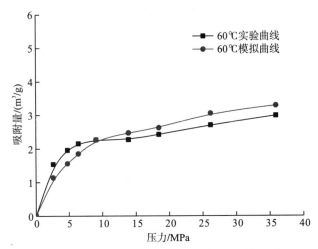

图 3.36　吸附实验和模拟吸附曲线对比图(60℃)

当达到吸附平衡压力时，吸附量在各点的数据对比见表 3.12。

表 3.12　平衡压力下各吸附量数据对比

	平衡压力/MPa						
	2.6	4.6	6.4	9.0	14.0	18.5	26.0
实验值/(m³/g)	1.5403	1.9602	2.1546	2.2670	2.2732	2.4239	2.7031
模拟值/(m³/g)	1.1403	1.5102	1.8545	2.0679	2.4722	2.6229	3.0523
绝对误差/%	0.4000	0.4500	0.2902	0.2021	0.1990	0.1990	0.3493
相对误差/%	25.9	22.9	13.5	8.9	8.7	8.2	12.9

3)80℃下天马 1#井模拟、实验数据对比

图 3.37 为 80℃条件下天马 1#井 TM-2 样品实验曲线。

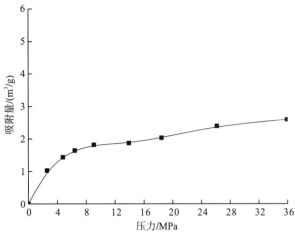

图 3.37　天马 1#井吸附实验数据(80℃)

图 3.38 为自行编制的天马 1#井 80℃时的 MC 分子模拟吸附程序模拟曲线。

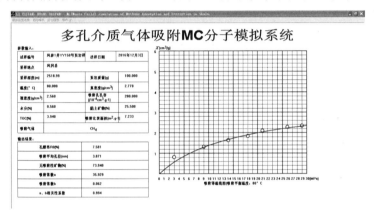

图 3.38　天马 1#井吸附实验模拟图(80℃)

图 3.39 为吸附实验和模拟吸附曲线对比图(80℃)。

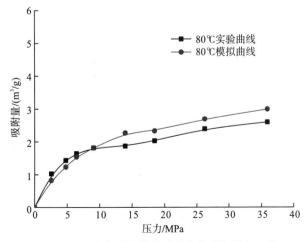

图 3.39　吸附实验和模拟吸附曲线对比图(80℃)

当达到吸附平衡压力时，吸附量在各点的数据对比见表 3.13。

表 3.13   平衡压力下各吸附量数据对比

	平衡压力/MPa						
	2.6	4.6	6.4	9.0	14.0	18.5	26.0
实验值/(m³/g)	1.0303	1.4365	1.6430	1.8179	1.8697	2.0305	2.3934
模拟值/(m³/g)	0.8402	1.2567	1.5738	1.8980	2.2667	2.3407	2.6836
绝对误差/%	0.1901	0.1798	0.0892	0.07404	0.2066	0.3201	0.2902
相对误差/%	18.5	12.5	4.2	4.1	21.2	15.3	12.1

3.3.2   吸附与解吸模拟结果对比

1) 凤参 1# 井页岩样 50℃对比

吸附与解吸模拟数据对比见表 3.14(50℃)，其吸附、解吸过程对比如图 3.40 所示。

表 3.14   凤参 1# 井页岩样吸附与解吸模拟数据对比(50℃)

	平衡压力/MPa						
	2.6	4.6	6.4	9.0	14.0	18.5	26.0
吸附模拟吸附量/(m³/g)	1.13	1.46	1.95	2.23	2.51	2.62	2.79
解吸模拟吸附量/(m³/g)	1.15	1.42	1.89	2.26	2.71	2.83	2.89

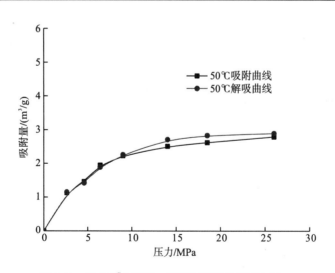

图 3.40   凤参 1# 井吸附、解吸过程对比图(50℃)。

2) 凤参 1 井页岩样 60℃对比

吸附与解吸模拟数据对比见表 3.15(60℃)，其吸附、解吸过程对比如图 3.41 所示。

表 3.15　凤参 1#井页岩样吸附与解吸模拟数据对比(60℃)

	平衡压力/MPa						
	2.6	4.6	6.4	9.0	14.0	18.5	26.0
吸附模拟吸附量/(m³/g)	1.15	1.43	1.76	1.95	2.17	2.32	2.60
解吸模拟吸附量/(m³/g)	1.17	1.41	1.83	1.99	2.37	2.42	2.68

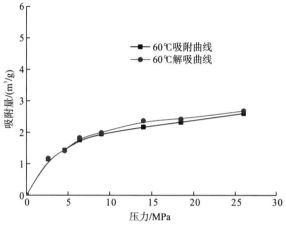

图 3.41　凤参 1#井吸附、解吸过程对比图(60℃)

3) 凤参 1#井页岩样 70℃对比

吸附与解吸模拟数据对比见表 3.16(70℃),其吸附、解吸过程对比如图 3.42 所示。

表 3.16　凤参 1#井页岩样吸附与解吸模拟数据对比(70℃)

	平衡压力/MPa						
	2.6	4.6	6.4	9.0	14.0	18.5	26.0
吸附模拟吸附量/(m³/g)	1.24	1.42	1.61	1.74	1.91	2.13	2.39
解吸模拟吸附量/(m³/g)	1.22	1.49	1.65	1.79	2.08	2.33	2.48

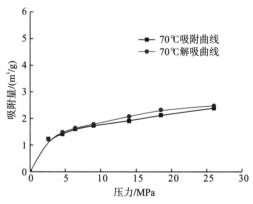

图 3.42　凤参 1#井吸附、解吸过程对比图(70℃)

4) 凤参 1#井页岩样 80℃对比

吸附与解吸模拟数据对比见表 3.17(80℃),其吸附、解吸过程对比如图 3.43 所示。

表 3.17 凤参 1#井页岩样吸附与解吸模拟数据对比(80℃)

	平衡压力/MPa						
	2.6	4.6	6.4	9.0	14.0	18.5	26.0
吸附模拟吸附量/(m³/g)	0.77	0.93	1.18	1.37	1.63	1.82	2.32
解吸模拟吸附量/(m³/g)	0.72	0.97	1.23	1.51	1.78	2.03	2.45

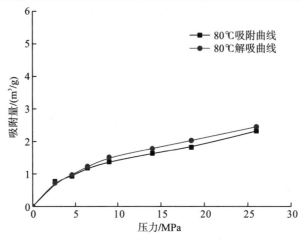

图 3.43 凤参 1#井吸附、解吸过程对比图(80℃)

5) 凤参 1#井页岩样 90℃对比

吸附与解吸模拟数据对比见表 3.18(90℃),其吸附、解吸过程对比如图 3.44 所示。

表 3.18 凤参 1#井页岩样吸附与解吸模拟数据对比(90℃)

	平衡压力/MPa						
	2.6	4.6	6.4	9.0	14.0	18.5	26.0
吸附模拟吸附量/(m³/g)	0.47	0.68	0.87	1.12	1.43	1.72	2.11
解吸模拟吸附量/(m³/g)	0.46	0.65	0.91	1.24	1.61	1.98	2.26

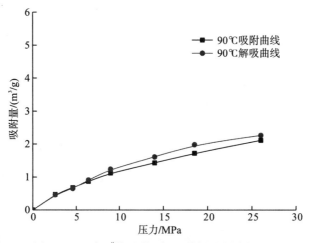

图 3.44 凤参 1#井吸附、解吸过程对比图(90℃)

6)天马 1#井页岩样(50℃)

吸附与解吸模拟数据对比见表 3.19(50℃),其吸附、解吸过程对比如图 3.45 所示。

表 3.19 天马 1#井页岩样吸附与解吸模拟数据对比(50℃)

	平衡压力/MPa						
	2.6	4.6	6.4	9.0	14.0	18.5	26.0
吸附模拟吸附量/(m³/g)	1.32	1.78	2.13	2.5	2.81	3.03	3.38
解吸模拟吸附量/(m³/g)	1.36	1.69	2.21	2.53	2.99	3.13	3.49

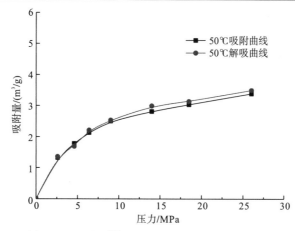

图 3.45 天马 1#井吸附、解吸过程对比图(50℃)

7)天马 1#井页岩样

吸附与解吸模拟数据对比见表 3.20(60℃),其吸附、解吸过程对比如图 3.46 所示。

表 3.20 天马 1#井页岩样吸附与解吸模拟数据对比(60℃)

	平衡压力/MPa						
	2.6	4.6	6.4	9.0	14.0	18.5	26.0
吸附模拟吸附量/(m³/g)	1.14	1.51	1.85	2.06	2.47	2.62	3.05
解吸模拟吸附量/(m³/g)	1.17	1.58	1.94	2.11	2.62	2.79	3.11

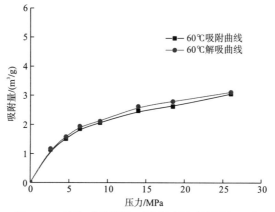

图 3.46 天马 1#井吸附、解吸过程对比图(60℃)

8) 天马 1#井页岩样（80℃）

吸附与解吸模拟数据对比见表 3.21（80℃），其吸附、解吸过程对比如图 3.47 所示。

表 3.21　天马 1#井页岩样吸附与解吸模拟数据对比（80℃）

类型	平衡压力/MPa						
	2.6	4.6	6.4	9.0	14.0	18.5	26.0
吸附模拟吸附量/(m³/g)	0.84	1.26	1.57	1.89	2.27	2.34	2.68
解吸模拟吸附量/(m³/g)	0.89	1.31	1.61	1.97	2.34	2.51	2.81

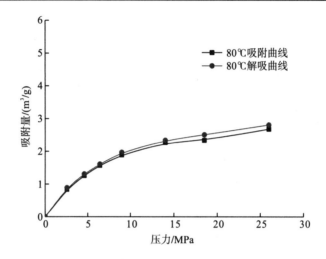

图 3.47　天马 1#井吸附、解吸过程对比图（80℃）

通过实验和模拟效果对比，从 5 个凤参样品及 3 个天马样品模拟情况来看，吸附与解吸等温线几乎重合，微小的误差是因 MC 算法中统计平均求取样本的均值造成的波动。因此，研究认为，页岩的吸附和解吸属于物理吸附，吸附与解吸过程是完全可逆的，故不再对解吸进行实验及模拟研究。

第4章　基于水力压裂的页岩结构演变机理

4.1　页岩微观孔裂隙特征

4.1.1　页岩原生孔裂隙特征

1) 压汞实验

压汞法普遍用于岩石、煤样的孔隙结构测试中，它是基于汞对固体表面的非润湿相毛细管现象而设计制作的，当汞所受到的外界压力大于其与多孔介质材料之间的内表面张力时，汞就会被外界压力压入多孔介质材料孔隙中。孔隙有着不同的孔径，其表面张力的大小也不相同，所以根据汞受到的外界压力的大小与压入介质中汞的体积含量，可以推算出毛细管进汞压力和介质孔隙半径的相互关系，孔径越小，所需要的进汞压力就越大，即孔隙孔径与毛细管进汞压力呈反比[52]，其公式为

$$P = \frac{-2\delta\cos\theta}{r} \tag{4-1}$$

式中，　　P——进汞压力，MPa；

δ——汞表面张力，4.8×10^{-3}N/cm；

θ——汞与介质孔隙表面接触角；

r——孔隙半径，nm。

因此，当施加不同的外界压力 P 时，根据式(4-1)就可以得到不同的孔径 r，然后根据进汞量的多少就可以得到相应岩石样品的孔体积，最终就可以算出孔体积与孔径大小之间的关系曲线，从而得到相应岩石样品的孔径分布。压汞仪是通过压力传感器来获得各种数据的，所以在测量孔隙的时候会存在不可避免的误差，但通过压汞仪测量大孔径时，相对误差会比测量小孔径时小，压汞仪最适宜的测量范围是 D=50～5000nm，如果超出这个范围，相对误差就会偏大[28]。

压汞实验在贵州省煤田地质局实验室完成，实验设备采用美国麦克仪器公司生产的Auto Pore9500 型全自动压汞仪。仪器最大工作压力为 413MPa，孔径测量范围 3nm～370μm，基本上能够反映页岩的孔容、孔隙类型与分布、孔径结构等特征。

通过压汞实验不仅可以得到页岩孔隙结构特征，如孔隙、孔径分布特征，还可以得到除孔隙结构以外的其他参数，如体积密度、比表面积、孔隙度等参数。本章通过压汞实验，获得了麦页 1# 井页岩样孔隙结构的基本参数及其分布特征，具体特征参数见表 4.1。

岩石的孔隙度是指岩石中孔隙、裂隙所占岩石总体积的百分比，其大小可用来反映页岩储气能力的强弱，孔隙度越大，说明页岩储气能力越强，反之则越小。页岩的孔隙度受多方面因素的影响，页岩随着发育程度的不同，其孔隙的大小、多少、结构均会有所不同，

导致不同发育阶段的页岩孔隙度有较大的差别；页岩随着埋深的不同，其所受地应力和地热也会不同。页岩埋藏深度越深，所受地应力也会增加，页岩会进一步被压实、或破裂、或发生化学作用，这都会导致页岩孔隙度会发生变化；此外，由于页岩岩层会受到地质构造作用的影响，遇到大的断层构造或者褶皱构造，页岩的结构也会发生改变，产生更多的孔隙、裂隙，继而孔隙度也会发生改变。

表 4.1　麦页 1 井页岩压汞实验数据

样品	表观密度 /(g/cm³)	体密度 /(g/cm³)	孔隙度/%	中值孔径 /nm	比表面积中值孔/nm	BET 平均孔径(4V/A)	比表面积 /(m²/g)
未处理页岩	2.6731	2.6204	1.9722	274.7	7.6	24.0	1.253
酸化处理页岩	2.5950	2.4661	4.9668	311.3	7.8	24.7	3.263

表 4.1 为麦页 1#井页岩压汞实验数据，从表中可以看出酸化后麦页 1#井页岩表观密度和体密度均有所降低，表观密度从 2.6731g/cm³ 下降到 2.5950g/cm³，体密度从 2.6204g/cm³ 下降到 2.4661g/cm³。而孔隙度从 1.9722%增加到 4.9668%，由于酸的作用，会溶蚀页岩里面的碳酸盐岩，降低页岩岩体总体积，增加页岩中孔的数量，说明酸化后能使页岩的孔隙度增加，为页岩气的扩散和运移提供通道，更有利于页岩岩层中页岩气的流动。

在页岩的孔隙空间中，可以将其分成有效孔隙空间和孤立孔隙空间，有效孔隙空间是指气体或液体能够自由进入、不受约束的孔隙，而孤立孔隙空间则是完全封闭，不与外界连通的孔隙，了解有效孔隙空间和孤立孔隙空间对页岩含气性评价具有重大的作用。如图 4.1 所示，由其累计孔容与孔径关系图可以看出麦页 1#井页岩未处理和酸化后的主体孔径主要分布在 5～100nm，说明麦页 1#井页岩孔隙主要以介孔为主。

根据压汞法测试不同页岩样品的有效孔隙时，进汞—退汞曲线会有所不同，通过比较滞后环的不同，可以推断出有效孔隙的连通性及分布形态。对比未处理页岩与酸化处理后页岩进汞—退汞与压力关系曲线发生的变化，分析两种曲线类型，得到其对应页岩的空间储集特点。

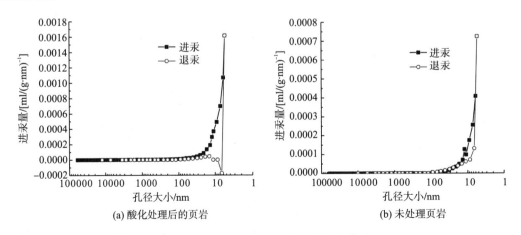

(a) 酸化处理后的页岩　　　　　　　　　(b) 未处理页岩

图 4.1　MY-1 样品累计孔容与孔径关系图

如图 4.2 所示为进-出汞体积与压力关系曲线,这种类型的关系曲线在较小的进汞压力下,进汞量迅速增大,这就说明有大孔或者裂隙的存在,这与实际是比较符合的;随着进汞的压力逐渐增大,曲线斜率开始放缓,说明此时压力对应的孔隙组体积的含量开始减少;当汞进入比较小的孔隙直径时,曲线斜率又开始迅速增加,直到达到最高点,说明该样品中微孔、介孔发育,孔隙之间连通性较好。

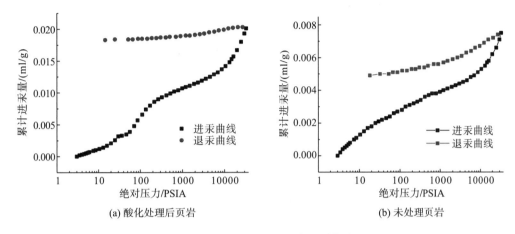

图 4.2　进-出汞体积与压力关系曲线

PSIA:pounds per square inch absolute,即磅/平方英寸(绝对值)

在退汞的过程中,随着压力的减小曲线出现回滞环,退汞曲线逐渐偏离进汞曲线,故在同一压力条件下,进汞曲线和退汞曲线对应的体积差较大,说明所测的页岩样品有效孔隙空间较多,孔隙的连通性较好,有利于气体在页岩中的渗流。假如此块区域页岩盖层发育完好,则经后期的水力压裂改造气体会更容易产出,以该样品为代表的区域页岩储层利于气体的赋存、扩散和渗流作用的进行,是较好的储层,有较高的商业开发前景。在退汞的过程中产生滞留的现象,国内外很多学者已经对其做出过解释,普遍被认可的解释是在页岩的孔隙中有一些“墨水瓶”形的孔隙,在退汞的时候这种孔隙会导致被压入的汞有“瓶颈”效应,有部分汞会残留在孔隙内部无法排除[56]。

2) 低温液氮吸附实验

通过低温液氮吸附实验测得龙马组麦页 1# 井页岩样品的脱附曲线在相对压力为 0.4~1.0时开始出现回线,回线曲线形状较为开阔,其主要的孔隙形状属于“墨水瓶”形孔隙,在相对压力为 0.45 时,脱附曲线开始出现拐点,随着相对压力的下降,脱附曲线的吸附量迅速降低。拐点的产生是因为有“墨水瓶”形孔隙的存在而引起的,当相对压力下降到一定值时,“墨水瓶”形孔的孔颈处的液体会逐渐蒸发直至脱附,此时孔颈处的相对压力会低于孔隙内部液体蒸发脱附时的相对压力,从而导致孔隙内部的液体会迅速蒸发而脱附,脱附曲线此时就会迅速下降,脱附曲线迅速下降之后,会逐渐趋于平衡,最终与吸附曲线重合,如图 4.3所示。

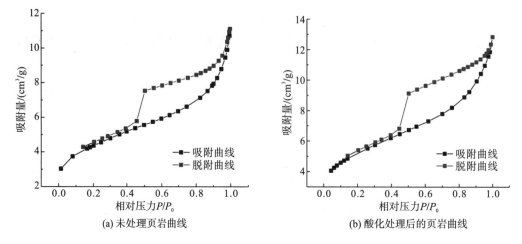

(a) 未处理页岩曲线　　　　　　　　　　(b) 酸化处理后的页岩曲线

图 4.3　页岩低温液氮吸附曲线

　　根据 BET 多层吸附理论，对页岩样品进行液氮吸附解吸实验，其比表面积和总孔容测试分析数据结果见表 4.2。

表 4.2　麦页 1 井页岩压汞孔径数据

样品	BET 比表面积/(m^2/g)	平均孔直径/nm	单位质量总孔体积/(cm^3/g)
未处理页岩	14.8933	8.1671	0.008402
酸化处理后的页岩	17.8701	8.2249	0.009787

　　由表 4.2 可知，未处理页岩 BET 比表面积为 14.8933m^2/g，平均孔径为 8.1671nm，单位质量总孔体积为 0.008402cm^3/g，酸化处理后的页岩 BET 比表面积为 17.8701m^2/g，平均孔径为 8.2249nm，单位质量总孔体积为 0.009787cm^3/g，说明酸化后的页岩比表面积、平均孔直径、单位质量总孔体积等都有所增大，这是因为酸化后页岩内部的碳酸盐岩被盐酸反应后，降低页岩岩体总体积，增加页岩中孔的数量。总的来说，麦页 1 井页岩样品的 BET 比表面积和单位质量总孔体积都比较大，而平均孔直径偏小，处于纳米级别，说明麦页 1 井页岩样普遍发育纳米级孔隙，这对页岩气的储存十分有利。

4.1.2　水力压裂实验

1）实验过程

页岩水力压裂模拟实验过程包括以下几个步骤。

（1）将压裂管放入试件中的圆柱孔中，然后注入钢筋胶，静置 12h，使密封材料固化达到密封效果，确保在实验的过程中不会出现漏液的现象。

（2）然后将样品放入压裂罐中，固定好压裂罐与页岩样品的相对位置，将页岩样品与压裂罐底部表面紧密接触，为确保均匀加载。通过管线连接，使增压装置能够向页岩样品加一定的围压、轴压和中心孔压压力。实验装置全部安装好后，检查实验装置完好性，确保连接无误。

（3）通过电脑控制增压装置，采用恒压方式向试件加水压，围压、轴压和中心孔压压力交替增加，如围压和轴压增加 1MPa，中心孔压压力增加 1MPa，直到轴压和围压压力加载到 16MPa 后，围压和轴压不再继续增加，而中心压力继续增加，直到页岩破碎。在加压的同时，监测试件压裂过程中的轴压、围压和中心孔压的变化，观察压力的变化情况，直到中心孔压的压力值突然急剧下降，说明页岩样已经破碎。

（4）实验压裂结束后，关闭水泵，取出页岩样品，观察页岩样的破坏特征与方向，对页岩样进行拍照，并描绘页岩裂隙的痕迹图。

2）实验结果与分析

页岩埋深 1600m 的储层压力以静水密度平均值 1.0g/cm³ 计算，为 16MPa，因此设定甲烷等温吸附实验压力范围为 16MPa，其计算过程如下：

$$\delta = \int_0^H \rho(H)\mathrm{d}H = \overline{\rho}gH = 16\,\mathrm{MPa} \tag{4-2}$$

式中，　　δ——储层压力，MPa；

　　　　ρ——静水密度，g/cm³；

　　　　$\overline{\rho}$——平均密度，g/cm³；

　　　　H——埋藏深度，取 1600m。

试验进行了两组页岩岩体试件的压裂实验，压裂实验数据见表 4.3。

表 4.3　模拟压裂实验参数和起裂压力

序号	岩样	围压/MPa	轴压/MPa	试样破碎压力/MPa
1	未处理岩样	16	16	22
2	酸化处理岩样	16	16	44

由表 4.3 可知原始页岩样在轴压和围压都为 16MPa 时破碎压力为 22MPa，酸化处理后的页岩样破碎压力为 44MPa，两组页岩试样的破裂压力值不相同。正常情况下，酸化后的页岩样破碎压力会比原始页岩样小，但实验结果却是酸化后的破碎压力更大，其可能原因是原始的页岩样破碎程度比酸化后页岩样破碎程度大。如图 4.4 所示，原始页岩样表面可以清晰看到大的裂纹，而酸化后的页岩样表面裂隙很少，相比原始页岩样表面比较光滑，这可能就是造成原始页岩样破碎压力比酸化后的破碎压力高的原因。

对水力压裂后的页岩样进行直接观察，可以清晰地看到页岩内部的裂隙是怎么扩展与延伸的，并能直观地反映出页岩水力压裂的效果，这是研究页岩压裂效果的一种重要手段，如图 4.5（a）所示为未处理页岩压裂后的样品，试样破碎表面是与天然层理相互垂直的水力压裂平面，当水力压裂缝扩展到天然弱面层理时，水力压裂缝发生转向，沿层理面延伸，形成相互垂直的破碎平面。在水力压裂过程中，随着中心孔压压力的增人，会有向外的张力，此时会发育新生的水力压裂缝，这些新生的裂缝既有垂直于层理面的裂缝，又有水力裂缝沿原始弱层理面的扩展，裂缝继续向前扩展，并逐步形成裂缝通道，实现体积压裂。

图 4.5(b)为酸化处理后页岩压裂后的样品,试样破碎表面是与天然层理相互平行的水力压裂平面,当水力压裂缝扩展到天然弱面层理时,水力压裂缝沿层理面延伸,形成相互平行的破碎平面。

(a) 原始页岩样　　　　　　　　　　　　　　　　(b) 酸化后页岩样

图 4.4　压裂前页岩样

(a) 未处理压裂后页岩样品　　　　　　　　　　(b) 酸化处理压裂后页岩样品

图 4.5　压裂后页岩样

4.1.3　水力压裂下裂隙扩展演变特征

页岩埋藏一般比较深,原始地应力比较大,页岩气水力压裂开采是一个相当复杂的过程,想要直接观察到页岩水力压裂过程中裂隙、孔隙的变化过程是十分困难的,因此人们只有通过假设和建立数值模型来间接分析,但是数值模型只是理论上的模拟,和实际水力压裂过程中裂隙、孔隙的变化还是有较大误差。所以,对页岩体进行水力压裂室内实验是研究页岩水力压裂裂隙、孔隙变化规律的重要手段,一是通过对水力压裂前后的孔隙度变化来反映页岩孔隙的变化规律,其次通过对水力压裂前后的结构特征来反映页岩的结构演变规律,这样既可以正确认识页岩水力压裂结构演变的规律,还可以通过在室内物理实验的基础上建立与实际更接近的数值模型,对水力压裂的理论研究以及页岩气勘探开发具有重要的理论实际意义。

核磁共振技术作为一种无损检测技术,已经被广泛应用到各个领域,作为一种新兴技术，它具有无损检测、检测速度快、检测样品可重复利用的特点。在检测页岩样品时，它可以在不损伤页岩样品的情况下测得页岩样品的孔隙度的变化、孔隙分布等参数，为了解页岩水力压裂前后结构演变提供一种快速便捷的方法。本章采用核磁共振测试技术研究页岩在水力压裂前后孔隙度和 T_2 分布图的变化特征，对页岩内部裂隙结构的演变和孔隙度的变化规律进行定量分析，研究成果可为水力压裂作用下页岩结构演变研究提供实验分析数据。

实验仪器是纽迈电子科技有限公司生产的核磁共振含油含水分析仪 NM12，纽迈电子科技有限公司生产的 NM12，共振频率为 11.897MHz，磁体温度控制在 31.99～32.01℃，探头线圈直径 25mm。通过测得饱和水的核磁共振信号，利用标准刻度样品进行刻度，将信号强度转化成孔隙度，从而得到页岩岩样的孔隙度。

岩石的孔隙度是指岩石中孔隙、裂隙所占岩石总体积的百分比，一般采用百分数表示，其大小可用来反映页岩储气能力的强弱，页岩孔隙度越大，则单位体积的页岩所能容纳甲烷气体就越多，并且页岩内部孔隙度的大小对页岩的力学性能有着重要的影响，通过对比分析页岩在水力压裂前后孔隙度的变化，可以了解页岩内部孔隙的变化规律。

表 4.4　压裂前后页岩孔隙度情况(%)

页岩样品	压裂前饱水孔隙度	压裂后饱水孔隙度	饱水孔隙度变化率	压裂前离心孔隙度	压裂后离心孔隙度	离心孔隙度变化率
原始页岩	5.78	6.29	8.11	4.67	5.26	11.22
酸化处理页岩	11.26	12.45	9.56	9.98	11.68	14.55

根据表 4.4 可知，水力压裂后的页岩孔隙度总体呈增长趋势，原始页岩样在压裂前的饱水孔隙度为 5.78%，压裂后的饱水孔隙度为 6.29%，饱水孔隙度变化率为 8.11%，压裂前的离心孔隙度为 4.67%，压裂后的离心孔隙度为 5.26%，离心孔隙度变化率为 11.22%；酸化处理后页岩样在压裂前的饱水孔隙度为 11.26%，压裂后的饱水孔隙度为 12.45%，饱水孔隙度变化率为 9.56%，压裂前的离心孔隙度为 9.98%，压裂后的离心孔隙度为 11.68%，离心孔隙度变化率为 14.55%。可以说明在页岩水力压裂的作用下，页岩样的孔隙结构发生变化，内部孔隙数量会增多，对页岩孔隙度的增加有促进的作用。

酸化后的页岩孔隙度总体也呈增长趋势，与原始页岩样进行比较，酸化处理后页岩样在压裂前的饱水孔隙度变化率为 48.67%，压裂后的饱水孔隙度变化率为 49.48%，在压裂前的离心孔隙度变化率为 53.21%，压裂后的离心孔隙度变化率为 54.97%，酸液对孔隙裂隙中的矿物质以及页岩基质本身的溶蚀和刻蚀作用越强烈，孔隙裂隙中所含碳酸盐、硅酸盐等矿物质越多，孔隙度增加得就越多，酸化增透效果就越好。

通过对页岩水力压裂前后孔隙度的分析，可以初步分析页岩内部是否有新的孔隙产生及损伤程度，但孔隙度还不能完全反映页岩内部损伤产生的过程和形式。通过采用核磁共振分析技术，测得页岩水力压裂前后 T_2 分布图变化，可以分析得到水力压裂对岩石孔隙结构损伤形式及其过程。T_2 值的大小与孔隙尺寸的大小成正相关，T_2 值越小，所对应的孔径就越小，T_2 值越大，所对应的孔径就越大，T_2 所对应的信号幅度与孔隙数量正相关，信号幅度越大，相应孔径孔隙的数量越多[57]，因此，T_2 分布图的变化反映了页岩孔径大小的分布和不同孔径孔隙的数量信息。对于不同的页岩样，其岩样内部不同孔径的孔隙数量是不同的，孔隙结构也是不一样的，在核磁共振测得的结果上显示的就是弛豫时间 T_2 分布图的不同。在外力的作用下使岩石内部孔隙结构发生改变时，T_2 分布图也会发生变化，这就是核磁共振测试岩石孔隙结构发生改变的基本原理[58]。

图 4.6 所示为试验中测得的压裂前、后岩样的横向弛豫时间 T_2 分布图。从中可以看出，对于不同的岩样、压裂前后和酸化处理前后其 T_2 分布曲线图以及峰的形态也存在不同。

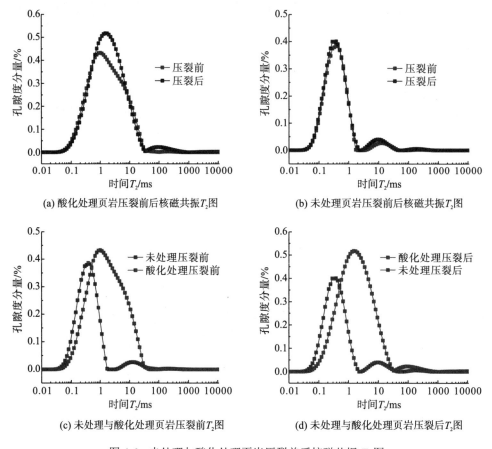

(a) 酸化处理页岩压裂前后核磁共振T_2图

(b) 未处理页岩压裂前后核磁共振T_2图

(c) 未处理与酸化处理页岩压裂前T_2图

(d) 未处理与酸化处理页岩压裂后T_2图

图 4.6   未处理与酸化处理页岩压裂前后核磁共振 T_2 图

在饱和水状态下，T_2 分布图的曲线形态和峰值情况与所测页岩样品的孔隙结构尺寸是相关的，当页岩内部的小孔比较多时，T_2 分布图曲线第一个峰更加突出，当大孔占优时，曲线第二个峰则更为明显。由此可见，对于麦页 1# 井页岩岩样，第一、第二峰形态都出现，并且第一峰比较明显，说明岩样内部小孔隙占比重比较大，小孔隙居多，也有一部分大孔隙数量[59]。

由图 4.6(a)、(b) 可以看出，经过水力压裂试验后不管是酸化处理的页岩还是未处理的页岩，其 T_2 分布图孔隙度分量均呈整体上升的趋势，表明其页岩内部各尺寸的孔隙数量均有所增加，这是因为在进行水力压裂试验时中心孔压与轴压、围压会有压差，导致压裂过程中页岩内部会有新的微孔隙产生。对于选取的页岩岩样,水力压裂会使页岩不断产生新的孔隙,随着压力的增大,微孔隙的数量不断增加和扩展,当增加到一定程度后,并与页岩样内部原有的孔隙相连通,就会形成新的大尺寸孔隙。

由图 4.6(c)、(d)可以看出,酸化处理后的页岩在压裂前压裂后孔隙和孔隙尺寸都有所增加,其 T_2 分布图孔隙度分量呈整体上升的趋势,曲线峰值不断增大,说明页岩内部各尺寸的孔隙数量均有所增加,且曲线谱峰整体向右移,表明小孔径孔隙不断发生扩展,其孔径不断增大。这是因为在向页岩岩层注酸后,酸液对页岩内部胶结物或页岩孔隙、裂隙内的碳酸盐等矿物质或堵塞物进行溶解、溶蚀等化学反应,使页岩内部孔隙增多,并使孔隙度增大。

4.2　水力压裂前后甲烷吸附特性

4.2.1　基于水力压裂的甲烷吸附实验

1. 实验过程

实验装置采用 GAI-100 高压型等温吸附仪,该仪器如图 2.2 所示。参考煤的高压等温吸附测定行业标准(SY/T 6132—1995)对页岩进行了 CH_4 等温吸附解吸实验,等温吸附实验是一个加压—平衡—加压的过程,其具体操作步骤如下:

(1)将制备好的实验样品装入样品缸中;

(2)检验装置气密性;

(3)打开真空阀,启动真空泵,对吸附系统抽真空 4h;

(4)关闭真空泵,利用氦气进行样品缸(含样品)自由空间体积标定;

(5)再次对吸附系统抽真空,步骤同(3);

(6)关闭阀门 A0、A1,打开阀门 A2、A3,系统向外排气 25s;

(7)关闭阀门 A2、A3,打开阀门 A0、A1,向膨胀缸内充入纯度为 99.99%的吸附质气体,直到压力达到实验设置压力值时停止充气,压力稳定后记录膨胀缸中的压力值;

(8)关闭阀门 A0、A1,打开阀门膨胀缸与样品缸之间的隔离阀 A2,让膨胀缸中的气体进入样品缸中,吸附平衡 12h,压力稳定后记录膨胀缸和样品缸中的压力值;

(9)重复步骤(7)、(8),直到记录完所有实验数据为止。

解吸实验的步骤可以看作吸附过程的一个相反过程,即为降压—平衡—降压的重复过程。解吸实验是从吸附实验后的最大平衡压力开始记录的,具体步骤如下:

(1)吸附实验完成后,关闭膨胀缸和样品缸的连通阀 A2 进行解吸实验;

(2)缓慢打开阀门 A0,降低膨胀缸的压力后,关闭阀门 A0,记录膨胀缸的压力;

(3)再打开平衡阀 A2,等待压力稳定后,记录压力;

(4)同理,继续降低膨胀缸的压力,进行解吸附实验,直到压力降到低压为止,记录最后一个平衡压力值,结束实验。

2. 吸附解吸量计算

实验数据处理是吸附解吸实验的关键，在某一恒定温度下，气体在页岩表面发生吸附行为，在不同压力点吸附平衡，吸附量可根据平衡前后物质守恒的原理和气体状态方程求得，因此采用气体状态方程和物质平衡原理对数据进行处理。

1）吸附实验数据计算

在第一个平衡点时，扩散缸的稳定压力为 P_1，方程第一次吸附平衡后记录平衡压力为 $P_{平1}$，气体在该压力下的吸附量可由下式计算：

$$N_1 = n_1 = \frac{P_1 V_a}{Z_1 RT} - \frac{P_{平1}(V_a + V_b)}{Z_{平1} RT} \tag{4-3}$$

式中，N_1——第一次吸附平衡时，对应压力下的累计气体吸附量，mol；

n_1——第一次吸附平衡时，对应压力下的气体吸附量，mol；

V_a——扩散缸的体积，cm^3；

V_b——样品缸（含样品）的自由空间体积，cm^3；

P_1——第一次充气后，扩散缸中的压力值，MPa；

$P_{平1}$——第一次吸附平衡时，扩散缸与样品缸中的压力值，MPa；

Z_1——温度 T 时，压力 P_1 对应的压缩因子；

$Z_{平1}$——温度 T 时，压力 $P_{平1}$ 对应的压缩因子。

第二个平衡点的数据处理基本同第一个平衡点，则第二次在页岩上吸附增量为：

$$n_2 = \frac{P_2 V_a}{Z_2 RT} - \frac{P_{平2}(V_a + V_b)}{Z_{平2} RT} \tag{4-4}$$

则气体在页岩上的累计吸附量 N_2 为

$$N_2 = n_1 + n_2 \tag{4-5}$$

第 i 次吸附平衡时，气体的吸附增量可用下式进行计算：

$$n_i = \frac{P_i V_a}{Z_i RT} + \frac{P_{平i-1} V_b}{Z_{平i-1} RT} - \frac{P_{平i}(V_a + V_b)}{Z_{平i} RT} \tag{4-6}$$

式中，n_i——第 i 次吸附平衡时，气体吸附增量，mol；

P_i——第 i 次充气后，扩散缸中压力值，MPa；

$P_{平I}$——第 i 次吸附平衡时，扩散缸与样品缸中的压力值，MPa；

$P_{平i-1}$——第 i-1 次吸附平衡时，扩散缸与样品缸中的压力值，MPa；

Z_i——温度 T 时，压力 P_i 对应的压缩因子；

$Z_{平I}$——温度 T 时，压力 $P_{平i}$ 对应的压缩因子；

$Z_{平i-1}$——温度 T 时，压 $P_{平i-1}$ 对应的压缩因子。

第 i 次吸附平衡后，样品对气体的累计吸附量可由下式计算得到：

$$N_i = N_{i-1} + n_i \tag{4-7}$$

式中，N_i——第 i 次吸附平衡后页岩对气体的吸附量，mol/g。

将页岩样品对气体的吸附量转化为单位质量气体吸附量，计算公式如下：

$$V_i = \frac{N_i \times 22.4 \times 1000}{w} \tag{4-8}$$

式中，V_i——单位质量气体吸附量，cm^3/g；

　　w——样品质量，g。

2）解吸实验数据计算

解吸实验的步骤可以看作吸附过程的一个相反过程，从高压逐渐降低压力，进行解吸实验。初始压力点即为吸附实验最后平衡的压力点。

第一个解吸点，从扩散缸中放出一部分气体后，扩散缸的压力为 P_{a1}，方程第一次解吸平衡后记录平衡压力为 $P_{a\text{平}1}$，则由气体状态方程得解吸气体物质的量为：

$$n_{a1} = \frac{P_{a\text{平}1}(V_a + V_b)}{Z_{a\text{平}1}RT} - \frac{P_{a1}V_a}{Z_{a1}RT} - \frac{P_{\text{平}i}V_b}{Z_{\text{平}i}RT} \tag{4-9}$$

式中，n_{a1}——第一次解吸平衡时，对应压力下的气体解吸量，mol；

　　V_a——扩散缸的体积，cm^3；

　　V_b——样品缸（含样品）的自由空间体积，cm^3；

　　P_{a1}——第一次放气后，扩散缸中的压力值，MPa；

　　$P_{a\text{平}1}$——第一次解吸平衡时，扩散缸与样品缸中的压力值，MPa；

　　$P_{\text{平}i}$——第 i 次吸附平衡时（即吸附实验最后一个平衡点），样品缸中的压力值，MPa；

　　Z_{a1}——温度 T 时，压力 P_{a1} 对应的压缩因子；

　　$Z_{a\text{平}1}$——温度 T 时，压力 $P_{a\text{平}1}$ 对应的压缩因子；

　　$Z_{\text{平}i}$——温度 T 时，压力 $P_{\text{平}i}$ 对应的压缩因子。

则在解吸平衡压力 $P_{a\text{平}1}$ 下，吸附气体的物质的量 N_{a1} 为

$$N_{a1} = N_i - n_{a1} \tag{4-10}$$

第二个解吸平衡点的数据处理基本同第一个平衡点，在页岩上解吸的气体物质的量为：

$$n_{a2} = \frac{P_{a\text{平}2}(V_a + V_b)}{Z_{a\text{平}2}RT} - \frac{P_{a2}V_a}{Z_{a2}RT} - \frac{P_{a\text{平}1}V_b}{Z_{a\text{平}1}RT} \tag{4-11}$$

则气体在页岩上的吸附量 N_{a2} 为

$$N_{a2} = N_{a1} - n_{a2} \tag{4-12}$$

第 j 次达到平衡状态时，气体解吸的气体物质的量可利用公式进行计算：

$$n_{aj} = \frac{P_{a\text{平}j}(V_a + V_b)}{Z_{a\text{平}j}RT} - \frac{P_{aj}V_a}{Z_{aj}RT} - \frac{P_{a\text{平}j-1}V_b}{Z_{a\text{平}j-1}RT} \tag{4-13}$$

式中，n_{aj}——第 j 次解吸平衡时，对应压力下的气体解吸量，mol；

　　V_a——扩散缸的体积，cm^3；

　　V_b——样品缸（含样品）的自由空间体积，cm^3；

　　P_{aj}——第 j 次放气后，扩散缸中的压力值，MPa；

　　$P_{a\text{平}j}$——第 j 次解吸平衡时，扩散缸与样品缸中的压力值，MPa；

　　$P_{\text{平}j-1}$——第 $j-1$ 次解吸平衡时，样品缸中的压力值，MPa；

　　Z_{aj}——温度 T 时，压力 P_{aj} 对应的压缩因子；

$Z_{a平j}$——温度 T 时，压力 $P_{a平j}$ 对应的压缩因子；

$Z_{平j-1}$——温度 T 时，压力 $P_{平j}$ 对应的压缩因子。

第 j 次解吸平衡后，页岩对气体的吸附量可由下式计算得到：

$$N_{aj} = N_{aj-1} - n_{aj} \tag{4-14}$$

式中，N_{aj}——第 j 次解吸平衡后页岩对气体的吸附量，mol/g。

将页岩样品对气体的吸附量转化为单位质量气体吸附量，计算公式如下：

$$V_{aj} = \frac{N_{aj} \times 22.4 \times 1000}{w} \tag{4-15}$$

式中，V_{aj}——单位质量气体吸附量，cm^3/g；

w——样品质量，g。

4.2.2　等温吸附解吸实验结果

对麦页 1# 井页岩进行吸附解吸实验，吸附实验时逐渐增高系统压力，记录下每个压力平衡点的吸附量，到达预定的实验压力后再逐步降低压力进行解吸实验，实验数据见表 4.5～表 4.8。

表 4.5　30℃时麦页 1# 井压裂前未处理页岩对 CH_4 吸附解吸量

平衡压力/MPa	吸附平衡时吸附量/(cm^3/g)	平衡压力/MPa	解吸平衡时吸附量/(cm^3/g)
0.00069	0	28.28758	0.76634
3.07142	0.99893	25.03455	1.01073
5.35484	1.14031	20.67308	1.28165
8.59164	1.28482	15.45083	1.44456
11.32879	1.40482	13.03658	1.50922
14.72723	1.34727	9.25338	1.39411
19.08073	1.18592	5.56333	1.27806
23.58313	0.96223		
28.28758	0.76634		

表 4.6　30℃时麦页 1# 井酸化处理压裂前页岩对 CH_4 吸附解吸量

平衡压力/MPa	吸附平衡时吸附量/(cm^3/g)	平衡压力/MPa	解吸平衡时吸附量/(cm^3/g)
0.00754	0	27.98221	0.67120
3.26133	1.32078	25.06582	1.15204
5.29042	1.71281	21.35908	1.40144
8.18725	1.63542	16.53455	1.66063
11.51033	1.59019	13.14926	1.67384
14.37860	1.49135	9.38418	1.77976
18.59364	1.46613	5.86861	1.88145
22.95277	1.21938		
27.98221	0.67150		

表 4.7　30℃时麦页 1$^{\#}$井压裂后未处理页岩对 CH$_4$ 吸附解吸量

平衡压力/MPa	吸附平衡时吸附量/(cm³/g)	平衡压力/MPa	解吸平衡时吸附量/(cm³/g)
0.00069	0	28.72088	0.66254
2.68974	0.79893	24.03455	0.84729
6.02818	1.04031	18.67308	0.99654
9.65351	1.06885	13.45083	1.14456
13.49296	1.08482	10.03658	1.11221
17.32072	0.99727	7.25338	1.09041
21.33085	0.88592	4.56333	0.95806
25.32856	0.76223		
28.72088	0.66634		

表 4.8　30℃时麦页 1$^{\#}$井酸化处理压裂前页岩对 CH$_4$ 吸附解吸量

平衡压力/MPa	吸附平衡时吸附量/(cm³/g)	平衡压力/MPa	解吸平衡时吸附量/(cm³/g)
0.00754	0	28.28579	0.65351
2.84422	1.26748	23.73697	1.32874
6.09276	1.67217	18.37265	1.52246
9.55937	1.69534	13.42437	1.67355
13.30292	1.58441	9.81367	1.73382
17.10676	1.43576	7.18460	1.75537
20.84608	1.32335	4.72478	1.56243
24.83462	1.10230		
28.23756	0.65351		

4.3　页岩气吸解特性与页岩结构演变耦合

4.3.1　页岩气吸附解吸的影响因素

影响页岩吸附甲烷能力的因素是多方面的,其物性原因主要有页岩中有机质丰度、热成熟度、有机质类型、孔隙度、孔隙结构特征等,外因有温度、压力等。

1)有机质丰度(TOC)

有机碳含量(TOC)的测定是在贵州省煤田地质局实验室完成的。实验操作过程首先是将取得的页岩样品粉碎至 200 目大小,然后加入适量的盐酸溶液,将浸泡好的样品溶液放入水浴锅中,温度控制在 60~80℃,静置 2h 以上,直至反应完全,为的是除去样品中的碳酸盐,然后用蒸馏水将剩下的样品洗至中性并烘干,烘干后将样品送入高温环境中,在高温环境下有机质会燃烧变成二氧化碳,收集燃烧后生成的二氧化碳,并测定其含量，将得到的数据转化为碳元素含量，最终就可以计算出有机碳含量，测试结果见表 4.9。

表 4.9   灰黑色页岩有碳含量

样品编号	深度/m	质量/kg	TOC/%
MY-1	1628	0.2298	1.43

如表 4.9 所示，可知研究区原始有机碳含量为 1.43%，有机碳总体含量较高，烃源岩类别为较好，说明研究区有机质丰度较高，具有较好的生气潜力。

2）有机质热成熟度（R_o）

麦页 1# 井页岩有机质热成熟度的测试是在贵州省煤田地质局实验室完成的。测试仪器为 LeitzMPV1.1 型显微光度计，测试温度为 24℃，湿度为 65%RH。研究中镜质组反射率（R_o）是通过测定干酪根中镜质体颗粒的反射率得到的。测试结果见表 4.10。

表 4.10   麦页 1# 井页岩有机质镜质组反射率测定结果

编号	R_{omin}/%	R_{omax}/%	测点数	标准差
MY-1	1.95	2.29	8	0.097

由表 4.10 可知，麦页 1# 井页岩镜质组反射率（R_o）为 1.95%～2.29%，平均为 2.12 %，根据划分标准确定研究区页岩成熟阶段属于过成熟早期，成烃阶段为干气演化阶段。根据国外页岩气勘探开发的经验，在页岩气开发区块的镜质组反射率为 1.1%～2.5%最适宜，可见研究区页岩具有良好的页岩气勘探开发前景[60]。

3）有机质类型

麦页 1# 井页岩有机质类型的鉴定是在贵州省煤田地质局实验室完成的。实验首先需要对页岩样品进行干酪根提取，将页岩样品破碎，收集 60～80 目的页岩样品，将收集好的页岩样品用盐酸与氢氟酸浸泡，为的是去除页岩样中的无机组分，将所得的不溶物用一定比重的重液进行浮选，再用氯仿除去可溶有机质即得到干酪根，在提取干酪根过程中应注意保持原有的形态和结构的完整，并保证提取的干酪根纯度在 75%以上，最后将得到的干酪根粉末制片，并放在透射光下进行观察鉴定。

图 4.7 所示为麦页 1# 井页岩样品干酪根显微组分形态图，从图中可以看出，干酪根在透射光下显示为全黑色，说明页岩样品经历了强烈的热演化作用，有机质组分成熟度较高，颜色变为黑色或深黑色，但就其原始有机质类型而言，参考郝石生等著的《高过成熟海相烃源岩》，鉴定麦页 1# 井干酪根类型为 II 型。

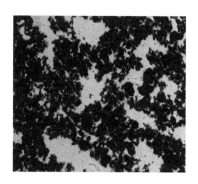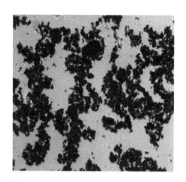

图 4.7　透射光下干酪根显微组分

4.3.2　页岩结构演变对页岩气吸解的控制作用

在对页岩气的吸附特性研究过程中,通过绘制出等温吸附曲线可以进一步了解页岩吸附性能,不同形态的等温吸附曲线反映了不同的吸附能力,说明吸附剂与吸附质分子之间的相互作用关系,因此等温吸附曲线是一种常用的表征页岩吸附性能的方法。在不同的条件下,根据实验所得数据,绘制出等温吸附解吸曲线,然后通过绘制的吸附曲线分析页岩对甲烷气体的吸附特性。为了更好地分析实验数据,将吸附曲线分为低压和高压两个阶段,即在最大吸附量出现之前称为低压阶段,最大吸附量出现之后称为高压阶段。

从图 4.8～图 4.11 可以看出,高压阶段与低压阶段的变化规律是在不同的高压条件下页岩等温吸附曲线不再是一条持续往上增加的曲线,而是存在着一个极值点,其物理含义为页岩的最大吸附能力,该值能够为评价不同地区吸附气气量提供依据[61]。温度一定时,吸附曲线在低压阶段的吸附量会随着压力的不断增加而持续上升,当吸附量达到峰值后,进入高压阶段,吸附量随压力的增加而不断下降,这也符合甲烷超临界吸附的特征;解吸曲线随着压力的降低,吸附量也开始逐渐升高,当达到吸附量的峰值后,随着压力的继续降低吸附量也开始降低。页岩中甲烷在解吸过程中会有迟滞的现象发生,这主要是因为页岩内部有许多微小的孔隙,甲烷气体在脱附的过程中,由于孔隙的喉道等的阻隔,使得部分气体不容易跑出来,还将继续留在孔隙内部。

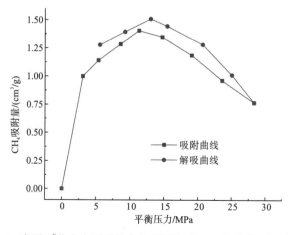

图 4.8　麦页 1$^{\#}$井水力压裂前未处理页岩对 CH_4 的吸附、解吸曲线

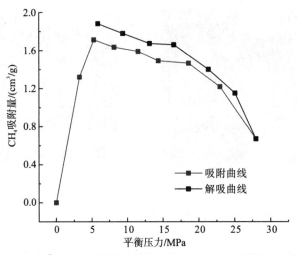

图 4.9　麦页 1$^{#}$井水力压裂前酸化处理页岩对 CH$_4$ 的吸附、解吸曲线

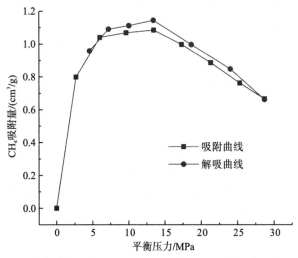

图 4.10　麦页 1$^{#}$井水力压裂后未处理页岩对 CH$_4$ 的吸附、解吸曲线

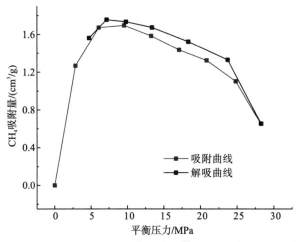

图 4.11　麦页 1$^{#}$井水力压裂后酸化处理页岩对 CH$_4$ 的吸附、解吸曲线

如图 4.12、图 4.13 所示为水力压裂前后页岩对甲烷吸解特性曲线,可知页岩水力压裂过后,页岩对甲烷气体的吸附量会降低,这是因为页岩的孔隙结构发生了改变,水力压裂的作用会使页岩不断产生新的孔隙。随着压力的增大,微孔隙的数量不断增加和扩展,当增加到一定程度后,并与页岩样内部原有的孔隙相连通,就会形成新的大尺寸孔隙,大尺寸的孔隙由于孔径较大,对甲烷分子的束缚能力就较弱,使甲烷不容易在页岩上发生吸附,因此,水力压裂后甲烷在页岩表面的吸附量会降低。

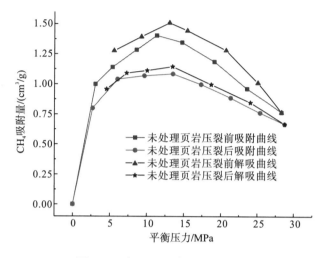

图 4.12 未处理压裂前后吸解曲线

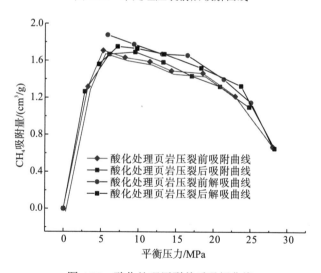

图 4.13 酸化处理压裂前后吸解曲线

目前世界上已经有许多国家对页岩气进行了大量勘探和前期的研究工作,美国和加拿大对页岩气已经进入了大规模的商业化开发阶段。中国页岩气资源丰富,但地质条件比较复杂,并采难度比较大,因而提高页岩气的采收率是页岩气开采的关键。实践证明,通过水平井结合水力压裂技术的方法对页岩层的储层改造,是实现页岩气藏有效增产的关键技术,其压裂最终效果直接影响页岩气开采的经济效益和商业价值。

在页岩气实际开采过程中，水力压裂使页岩的结构发生改变，使页岩不断产生新的孔隙，随着压力的增大，微孔隙的数量不断增加和扩展，当增加到一定程度后，并与页岩样内部原有的孔隙相连通，就会形成新的大尺寸孔隙，大尺寸的孔隙由于孔径较大，对甲烷分子的束缚能力就较弱，从水力压裂前后页岩对甲烷吸解特性曲线可以看出，水力压裂过后页岩对甲烷气体的吸附量会降低，使甲烷不容易在页岩上发生吸附，最终达到提高页岩气开采产量的目的。

酸化处理后的页岩孔隙度会增加，在页岩气开采过程中，在压裂液中加入适当比例的酸，增加压裂液的酸性比例，利用酸对页岩储层内部中胶结物或岩层孔隙、裂隙内的矿物质或堵塞物进行溶解、溶蚀等化学反应，从而增加页岩的渗流能力，结合水力压裂技术，孔隙度的增加会使页岩内部孔隙之间连通性更好，为页岩气的扩散和运移提供通道，更有利于页岩岩层中页岩气的流动。

第5章 页岩气水力压裂开采的水锁效应

5.1 处理剂的优选与制备

5.1.1 表面活性剂

表面活性剂作为一种化学添加剂,广泛用于油气开采、食品生产、生活用品、纺织与医药等行业中。表面活性剂是具有能降低相界面张力的化学物质,表面活性剂的种类较多,不同的表面活性剂的表面张力不同,常见的有阴离子表面活性剂、阳离子表面活性剂、两性表面活性剂等。表面活性剂的发展主要向多功能性、稳定性、经济环保性靠近,表面活性剂具有两亲结构,亲水结构和亲油结构。在油气开采行业中,特别是页岩气的开采中,表面活性剂的作用原理是表面活性剂的亲水结构与压裂液面接触,而亲油结构与页岩面接触,从而降低了水与页岩界面间的表面张力,让水易流动、易排出,从而降低由于水基压裂造成的水锁效应。贾帅[64]对比分析了常规油气开采压裂液的优缺点,以降低压裂液在开采过程中的伤害为目的,研发了一种磺酸型阴离子表面活性剂 J101,并对该表面活性剂的岩心伤害情况、流变性、悬砂性等性能做了实验评价。实验评价分析结果表明,该表面活性剂性能优良、易返排、储层伤害低。梁承春等[62]分析了红河油田开发过程中水锁效应的机理,采用添加表面活性剂的方法降低水锁效应伤害。选用 CBET-13 和 CBET-17 两种表面活性剂进行实验研究。研究表明,解水锁效果良好,同时说明该油田确实存在水锁效应,返排效果较好。表面活性剂在油气开采行业中的成功应用,对页岩气开采中水锁效应的解除或者缓解有重要的意义。

1. 表面活性剂制备原料和仪器

结合水锁效应的产生机理,添加表面活性剂解除水锁效应的主要原理就是采用较低表面张力的表面活性剂,降低压裂液中带入的液体与页岩之间的表面张力,便于液体的顺利排除,这样达到解除水锁效应的目的。结合采用李凡等[63]应用在石油行业采油效果较好的胺基有机硅表面活性剂,运用所需的原料和相关的操作步骤制取表面活性剂。

表面活性剂制备的主要原料有:烯丙基聚乙二醇、环氧氯丙烷、含氢硅油、有机胺,具体见表 5.1。

表 5.1 主要的原料

原料名称	纯度	生产厂家
有机胺	分析纯,99%	天津北联精细化学品开发有限公司
含氢硅油	工业品,98%	济南瑞元化工有限公司
环氧氯丙烷	分析纯,99%	天津北联精细化学品开发有限公司
烯丙基聚乙二醇	工业品,98%	江苏省海安石油化工厂

烯丙基聚乙二醇是一种制备高效减水剂的原料，溶于水和大多数有机溶剂。烯丙基聚乙二醇制备的减水剂具有一系列优点，如耐久性、减水性、分散性、环境友好性、易运输性、高强度性等。采用烯丙基聚乙二醇作为原料制备表面活性剂，不只是因为它含有需要的相关官能团，还因为其制备的表面活性剂本身具有减水性，不会再带入水分从而增强水锁效应的伤害程度。

环氧氯丙烷是一种有毒的无色液体。主要被作为有机化工原料和精细化工原料，主要用于生产甘油、表面活性剂、医学药物、甘油衍生物、离子交换树脂、水处理剂等。以它为原料制备的产品有稳定性好、耐化学物质腐蚀、强度高等优点。

含氢硅油是一种无色液体。具有良好的疏水性，反应条件不苛刻，可以在不同物质表面形成防水膜，经常使用于金属、纸张、玻璃、大理石等的防水剂，易于排走外界带入的水分。用于制备表面活性剂，用于治理水锁效应方面，能有效地排走水分，减小水锁效应程度。

有机胺主要是指有机物与胺类反应生成的一类物质，根据有机物的不同，可以有不同的分类，主要有脂肪胺类、醇胺类、酰胺类、脂环胺类、芳香胺类、萘系胺类。有机胺对其他物质的表面具有较强的亲和力，主要以化学吸附力吸附在粒子的表面。

制备实验用主要仪器见表 5.2。

表 5.2　主要仪器

仪器名称	规格	生产厂家
电加热套	SZCL-2	巩义市予华仪器有限责任公司
电动搅拌器	HJ-1	金坛市白塔新宝仪器厂
三口烧瓶	250ml	北京欣维尔玻璃仪器有限公司

2. 表面活性剂制备工艺

1) 主要的化学反应方程式

端环氧烯丙基聚乙二醇 A 的合成：

$$CH_2\!=\!CHCH_2O(CH_2CH_2)_nH + CH_2\!-\!\overset{\overset{H}{|}}{\underset{\underset{O}{\diagup\diagdown}}{C}}\!-\!CH_2Cl \rightarrow CH_2\!=\!CHCH_2O(CH_2CH_2O)_nCH_2\!-\!CH\!-\!CH_2$$

中间体 B 的合成：

终产物表面活性剂的合成：

$$B+NH_2CH_2CH_2NH_2 \xrightarrow[60℃]{N_2} CH_3-\underset{\underset{CH_3}{|}}{\overset{\overset{CH_3}{|}}{Si}}-O-\left[\underset{\underset{CH_3}{|}}{\overset{\overset{CH_3}{|}}{Si}}-O\right]_p\left[\underset{\underset{CH_2(CH_2O)_{n+1}CH_2-\underset{OH}{\overset{H}{\underset{|}{C}}}-CH_2HNCH_2CH_2NH_2}{|}}{\overset{\overset{CH_3}{|}}{Si}}-O\right]_q\underset{\underset{CH_3}{|}}{\overset{\overset{CH_3}{|}}{Si}}-CH_3$$

$$B+H_2N-\left[\underset{\underset{CH_3}{|}}{\overset{\overset{H}{|}}{C}}-\overset{\overset{H_2}{|}}{C}-O\right]_x\overset{\overset{H_2}{|}}{C}-\underset{\underset{CH_3}{|}}{\overset{\overset{H}{|}}{C}}-NH_2 \xrightarrow[60℃]{N_2} CH_3-\underset{\underset{CH_3}{|}}{\overset{\overset{CH_3}{|}}{Si}}-O-\left[\underset{\underset{CH_3}{|}}{\overset{\overset{CH_3}{|}}{Si}}-O\right]_p\left[\underset{\underset{CH_2(CH_2O)_{n+1}CH_2-\underset{OH}{\overset{H}{\underset{|}{C}}}-CH_2HNCH_2CH_2NH_2}{|}}{\overset{\overset{CH_3}{|}}{Si}}-O\right]_q\underset{\underset{CH_3}{|}}{\overset{\overset{CH_3}{|}}{Si}}-CH_3$$

式中，根据 x 的取值不一样，分别可得聚醚胺 D-230 和 D-400。

2）主要操作步骤

在三口烧瓶上安装冷凝回流装置和搅拌装置，充入适量 N_2，加入计算对应比例的原料烯丙基聚乙二醇、有机溶剂、氢氧化钠和催化剂，在室温下搅拌反应 1h，之后升温至 40℃，加入环氧氯丙烷反应 8.5h，最终经过过滤、水洗、减压蒸馏后得到产物 A。

继续采用上述装置，加入制取的产物 A，充入 N_2，再加入对应比例的异丙醇，在 50℃下边搅拌边加入含氢硅油，完成后升温至 80℃反应 1h，然后过滤、减压蒸馏后得到产物 B。

在制取产物 B 的装置中加入 D-230 或者 D-400，60℃下搅拌反应 4h 后，减压蒸馏获得最终产物。

3. 表面活性剂的特性表征

1）表面张力

在采用水力压裂方法开采页岩气过程中形成的水锁效应，由于水分不能及时排出，黏土矿物吸收水分形成束缚水，形成水锁伤害。采用表面活性剂处理水锁效应，基本原理就是降低水分和页岩界面之间的表面张力，让水分能及时排出，从而降低水锁效应伤害程度。

通过合成有机硅表面活性剂，采用贵州大学拥有的上海中晨数字技术设备有限公司生产的 JK99D 型全自动表面张力仪进行测试，设备如图 5.1 所示。测试过程中采用铂金板法进行测试，其原理是铂金板感测到表面活性剂液体时，铂金板周围受到表面张力的作用会被往下拉，力传感器进行测量张力，最终转化成张力的数值。通过测试，表面张力最低可以达到 23.8mN/m。

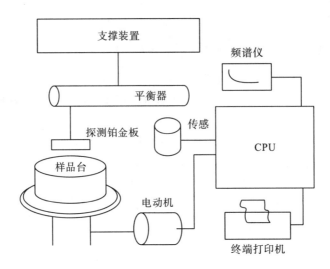

图 5.1　自动表面张力仪框架图

2) 配伍性和携砂能力

　　配伍性是评价整个压裂液中各个成分之间的相互结合能力以及稳定性。对于不同酸碱性的溶液，以及有其他化学物质组成的溶液，如果配伍性比较差的话，整个溶液之间会出现明显的分层，或者说其中的一些化学物质和另一些化学物质发生反应生成了新的产物，导致整个溶液不能达到目标效果。而携砂能力对于水力压裂来说也是比较重要的，在水力压裂中，压裂液并不只是单纯的清水或者是简单的化学药剂，更多的是加入了各种化学试剂和其他的试剂，比如含有陶粒的支撑剂，以及其他类型的支撑剂，还有正常加入的压裂砂。而表面活性剂与支撑剂以及压裂砂的配伍性，还有表面活性剂的携砂能力都是很重要的。溶液之间的配伍性和携砂能力分别如图 5.2 和图 5.3 所示。

图 5.2　溶液之间的配伍性

图 5.3　溶液之间的携砂能力

　　从图中可以看出，溶液之间没有分层，而且融合得很好，配伍性良好。每一粒支撑剂都是在溶液中悬浮着，携砂能力比较强，稳定性较好。

　　携砂能力的测定方法有很多，主要有实验法、数值模拟法、静态法、动态法等。为了

更精确地评价携砂能力,采用压裂液性能评价标准《水基压裂液性能评价方法》(SY/T 5107
—2005)中的静态法进行评价,静态法的测定原理是用表面活性剂+支撑剂混合成溶液与
清水+支撑剂混合的溶液滴入试管壁,然后竖立置放,记录液滴滑落到试管底部的时间,
时间越长,携砂能力越强。通过静态法测定后,表面活性剂+支撑剂混合液的滑落时间
是清水+支撑剂混合液滑落时间成 10 倍以上。所以,表面活性剂+支撑剂混合液的携砂
能力较强。

5.1.2　支撑剂

支撑剂是一种硬质材料,用于水力压裂之后,填充在压裂的裂缝中支撑裂缝,抑制裂
缝在其他条件下重新闭合,从而提高了裂缝中页岩气的流通性,以达到增产的目的。支撑
剂的发展大致经历了三个阶段,之前以金属铝球、塑料球、玻璃球、核桃壳为支撑剂,到
后来以石英砂、铝矾石为支撑剂,以及现在的人工支撑剂。支撑剂主要可以分成两个种类,
天然的和人工的。

1) 石英砂

石英砂支撑剂属于天然的支撑剂,主要成分是氧化硅,还伴有少量的氧化铁、氧化镁、
氧化钙等。用于压裂的石英砂支撑剂中,石英的含量在 80%左右,这样才能满足支撑剂的
承压能力,而从石英的结构去分,该类支撑剂又可以分为单晶石英砂支撑剂和复晶石英砂
支撑剂,石英砂支撑剂的承压能力一般都是 20~34MPa。

2) 陶粒

陶粒支撑剂属于人工支撑剂,主要是由铝矾土通过烧结或者喷吹的手段制成,具有比
较高的抗压强度,从抗压强度的角度分,可以分为中等强度的和高等强度的。中等强度的
陶粒支撑剂氧化铝含量 46%~77%,硅质含量为 12%~55%,可以承受压力范围是 55~
80MPa;而高强度的陶粒支撑剂氧化铝含量 85%~90%,硅质含量为 3%~6%,可以承受
压力达到 100MPa。

3) 树脂砂

树脂砂支撑剂属于人工改造的支撑剂,该支撑剂的生产是选用天然的石英砂在其表面
包裹树脂薄膜,再经过热固化处理制成。在低应力下,树脂砂支撑剂和石英砂支撑剂的抗
压强度接近,而中高等强度的树脂砂支撑剂的承压范围是 55~69MPa。树脂砂支撑剂可
以分为固化砂和预固化砂两种,固化砂支撑剂是在地层温度条件的固化形成,对防止地层
吐砂有一定的效果。而预固化砂是在支撑前固化形成,直接加入支撑即可。

在水力压裂实验中,实验仪器的进液管直径是小于 3mm,因此,应该保证支撑剂的
粒径小于 3mm,而且实验是模拟地层条件进行压裂,所以,在模拟地层条件温度 55℃、
压力 12MPa 下,支撑剂应该满足压裂条件。综合考虑经济效应性、方便性和实用性,选
择陶粒支撑剂。陶粒支撑剂如图 5.4 所示。

图 5.4   陶粒支撑剂

5.2   水力压裂试验

5.2.1   试验设备与参数

1)试验设备

水力压裂试验设备如图 5.5 所示。

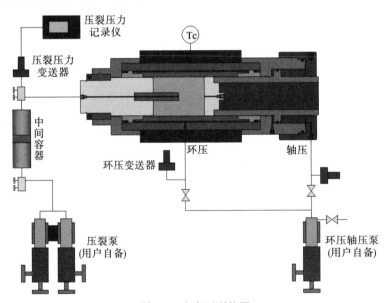

图 5.5   水力压裂装置

2)模拟参数的确定

页岩气的水锁效应是在水力压裂开采中,由于页岩中黏土成分吸收水分膨胀导致页岩之间的孔隙变小,同时也由于非润湿相驱替润湿相产生毛细管效应导致储存页岩气之间的岩层渗透率下降,导致页岩气的采收率减少的一种现象。页岩气存储主要是游离态和吸附态,温度和压力对页岩气的存储和采收有很大的影响。温度越高,分子运动越激烈,水分子挥发得越多，水锁效应就会减缓一些，而且，温度越高，页岩气分子运动也会更剧烈，主要都会以游离态存在于页岩之间，有利于页岩气的抽采[63]。一些学者[64]曾经提出通过加热的办法减缓水锁效应，但是由于成本太高，导致这个技术不能长久地实施下去而停止了。而压力越大，页岩气以吸附态存在于页岩层之间的会更多，即使通过增大压力的办法进行强制反排水达到降低水锁效应也是有利有弊[65,66]。因此，温度和压力对水锁效应和页岩气的直接抽采有很重要的意义，而且，只有在模拟真实地层之间的温度和压力条件下进行水锁效应的解除才是对水锁效应解除的有效办法。安淑萍等[67]分析了不同页岩吸附能力预测模型的弊端，提出"一条等温吸附线预测其他等温吸附线"的想法，以 Polanyi 吸附势理论和 Langmuir 吸附理论为基础，推导新的吸附函数式，在考虑温度和压力的条件下，地表温度选择 20℃。研究表明，以 38℃条件下推导出 65～150℃的等温吸附曲线，误差小于 5%；考虑温度和压力的条件下，在页岩埋深小于 750m 时，页岩的吸附能力随着埋深的增大而增大，达到峰值之后会有降低趋势。李武广等[46]根据地层温度、压力、页岩 TOC 值、R_o 值和页岩吸附气含量之间的关系，构建了新的页岩吸附气含量计算的新模型。给出页岩地层的压力和温度计算公式，见式(5-1)和式(5-2)。研究表明，新模型孔压计算任何页岩埋深的吸附气含量，并且采用实例分析，各个因素与吸附气含量之间的相关系数都达到 0.9 以上，说明新模型的计算准确性较高。

$$P=hg(\rho_R-\rho_w)\times10^{-6} \tag{5-1}$$

$$T=h/100\times3.3+t \tag{5-2}$$

式中，P——地层压力，MPa；

　　　h——页岩埋深，m；

　　　ρ_R——页岩密度，kg/m^3；

　　　ρ_w——水体的密度，kg/m^3；

　　　g——重力加速度，N/kg；

　　　T——地层温度，℃；

　　　t——地表温度，℃。

通过式(5-1)和式(5-2)可以计算出凤页 2$^{\#}$井的地层温度和地层压力，代入相应的深度及其他数据，即求得地层温度为 55℃、地层压力为 12MPa。

5.2.2　试验流程与结果

1) 清水压裂

制备样品完成后，对样品进行封胶处理，要求封胶时间 12h 后才能进行水力压裂实验。先在增压系统中的液体存放罐中加入压裂用水，把封胶完成的样品加入压裂装置中的压裂罐中，压裂装置如图 5.5 所示。打开压裂装置的温度开关，设置温度为 55℃，加热一段时间，保证温度为模拟地层温度 55℃之后进行增大压力。

进行增压之前，先将增压系统进行手动增压，增大到 2MPa，观察压裂装置中增压管道之间的连接是否紧密，若发现漏水，应该进行紧密处理。先增大围压和轴压到 3MPa，再增大中心孔压到 2MPa，保持半小时。之后再继续以同样压力梯度进行增大围压和轴压、中心孔压，每增大一次，中间保持的时间一致都为半小时。当围压和轴压增大到 12MPa

时，关闭阀门，保持为 12MPa；而中心孔压增大至 10MPa 时，关闭阀门，保持为 10MPa，保持这样的状态 12h 后，继续增压压裂，但是此时的增压梯度为 1MPa，一直增压到压裂为止，最终压裂时的压力为 36MPa。

压裂前后均在贵州省煤田地质局进行核磁共振物性测试，进行检测之前，先把页岩样品在压裂液中浸泡 3d，让整个页岩样品完全吸收压裂液之后再进行上机测试，首先进行的是饱水测试，之后再使用离心机进行离心之后上机测试，贵州省煤田地质局采用的测试仪器型号是 MesoMR23-060H-I，该仪器的测试原理是页岩样品通过完全饱水和离心之后存在于页岩中的压裂液，进而计算出页岩样品的孔隙和孔喉。核磁共振压裂前后孔喉分布如图 5.6 所示，孔径分布如图 5.7 所示，核磁共振压裂前后的 T_2 谱图如图 5.8、图 5.9 所示。

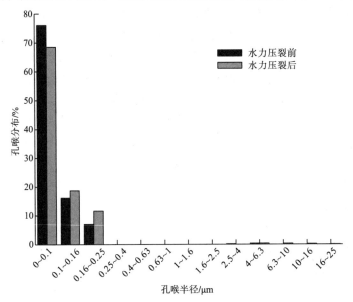

图 5.6　清水压裂前后孔喉分布

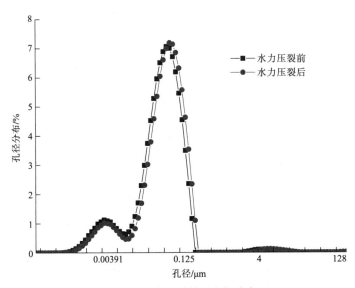

图 5.7　清水压裂前后孔径分布

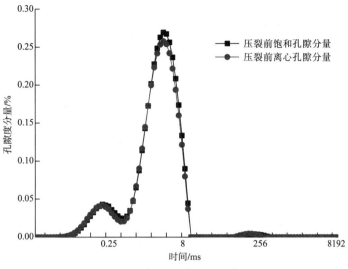

图 5.8　清水压裂前的 T_2 谱图

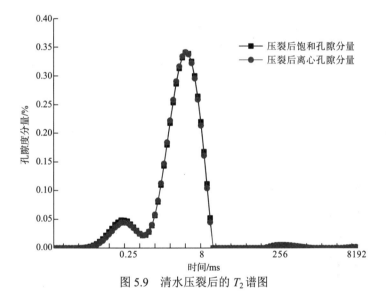

图 5.9　清水压裂后的 T_2 谱图

压裂前后均在贵州省煤田地质局进行渗透率物性测试,贵州省煤田地质局使用的测试仪器是美国岩心公司的 PoroPDP。实验过程中,先进行装样,然后测试出页岩样品的孔隙度,接着输入页岩样品的基本参数,为了保证整个压裂过程以及测试过程都是在模拟地层条件下,完成之后把压力增高至模拟地层压力 12MPa,最后等待测试结果。

从图 5.6 可以看出:在水力压裂前,孔喉大小主要分布在 0~0.1μm,占了 76%;0.1~0.16μm 占了 16.2%,0.16~0.25μm 占了 7%,0.25μm 以上只占 0.8%。在水力压裂后,孔喉大小 0~0.1μm 占 68.5%,0.1~0.16μm 占 18.7%,0.16~0.25μm 占 11.6%,0.25μm 以上占 1.2%。水力压裂前后对比,孔喉大小都主要分布在 0~0.1μm,但水力压裂后产生了大量裂隙,大直径孔喉分布明显增多。

从图 5.7 可看出水力压裂前后孔径的分布主要都是集中在 0.01~0.5μm,水力压裂前后孔径分布的变化很小，几乎无法从肉眼分辨出来。可见，压裂前后的孔径变化都是存在于小孔径的变化，所以，孔径的分布从宏观的角度上看，变化量不是很大。

从图 5.8 和图 5.9 中可以看出水力压裂前后 T_2 谱图的变化，从左往右出现了三个峰，第一个峰是由于在页岩样品的正中间制作了一个小孔满足压裂实验条件，造成核磁共振仪器误认为是天然的孔喉，所以出现了一个峰。核磁共振表征的是页岩样品中的可流动水和束缚水的含量多少，第一个峰对实验的结果并不造成影响，可以算成是束缚水的含量；第二个峰表示的是束缚水含量；第三个峰表示的是可流动水含量。从水力压裂前后的 T_2 谱图看出，压裂前的束缚水含量为 98.142%，而压裂后的束缚水饱和度为 98.988%，束缚水饱和度增大了 0.846%。

2) 清水+支撑剂压裂

样品制备完成后，将整个页岩样品浸泡于 12% 的盐酸中进行酸化处理，浸泡时间为 12h 以上，浸泡完成后取出页岩样品并擦拭中心孔内以及表面的酸性液体，对样品进行封胶处理，封胶完成后静置 12h 以上，保证封胶的牢固稳定性。进行装样之前，在封胶完成的进液管中分别加入压裂液的 0.5%、1%、2% 的陶粒支撑剂，之后安装样品进行压裂实验，实验步骤与清水压裂步骤一致，最终压裂时的压力分别为 19MPa、18MPa、16MPa。由于页岩样品的取样来源都是凤冈参数井，深度和层位都是相同的，为了避免由于页岩样品的基本参数不同而造成实验的误差，页岩样品制样中要求基本参数一致。因此，水力压裂前的核磁共振实验和渗透率实验都采用同一数据。清水+支撑剂压裂实验压裂后的孔喉分布如图 5.10 所示，孔径分布如图 5.11 所示，T_2 谱图如图 5.12～图 5.14 所示。

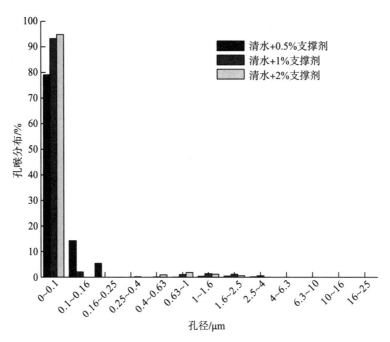

图 5.10　清水+支撑剂压裂后的孔喉分布

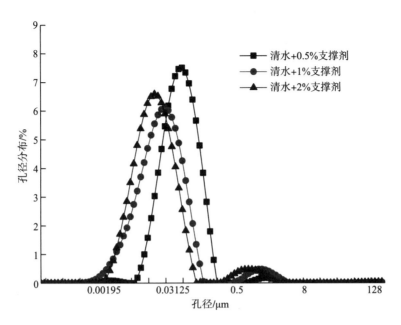

图 5.11　清水+支撑剂压裂后的孔径分布

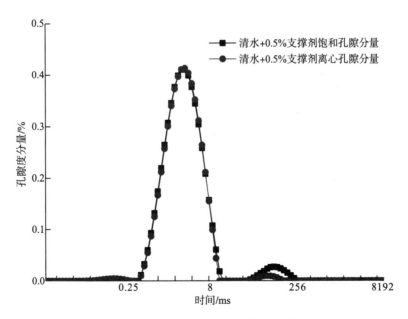

图 5.12　清水+0.5%支撑剂压裂后 T_2 谱图

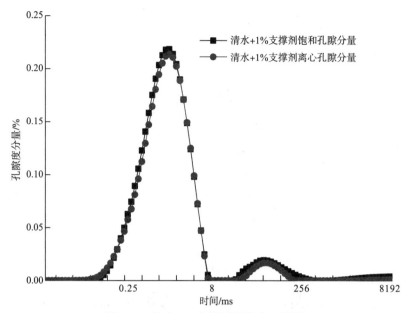

图 5.13　清水+1%支撑剂压裂后 T_2 谱图

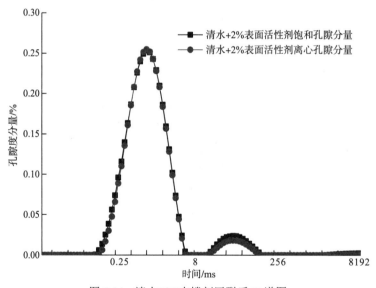

图 5.14　清水+2%支撑剂压裂后 T_2 谱图

　　从孔喉分布图中可以看出，在清水+0.5%支撑剂压裂中，孔喉分布主要还是在孔喉半径比较小的位置，0～0.1μm 占了 79.099%，0.1～0.16μm 占了 14.3%，0.16～0.25μm 占了 5.433%，0.63～4μm 稍大的孔喉半径中占了大约 1%左右，主要集中在 1～2.5μm。而在清水+1%支撑剂压裂中，孔喉分布规律和清水+0.5%支撑剂压裂基本一致，主要还是分布在孔喉半径较小的位置，0～0.1μm 占了 93.3%，0.1～0.16μm 占了 2.07%，0.4～6.3μm 稍大孔径中占了 4.45%，主要集中在 0.63～4μm。在清水+2%支撑剂压裂中，孔喉分布规律和前两者的规律大体一致，0～0.1μm 占了 94.86%，0.1～0.16μm 占了 0.005%，0.25～4μm 稍大孔喉半径中占了 4.86%，主要集中在 0.4～2.5μm。三者的孔喉分布主要都集中在小孔径位置，但是在大孔喉区域，清水+1%支撑剂占有率最高。

从孔径分布图中可以看出，在清水+0.5%支撑剂压裂中，孔径分布主要集中在 0.01～0.5μm，也有的集中在 1～5μm。在清水+1%支撑剂压裂中，孔径分布主要集中在 0.01～0.2μm，有的集中在 0.7～7μm。而清水+2%支撑剂压裂中，孔径的分布和上述两者规律相似，主要集中在 0.005～0.1μm 之间，有的集中在 0.5～5μm。孔径分布主要都集中在小孔径之间，但是在大孔径中，清水+1%支撑剂的孔径分布占有率最高。

从清水+支撑剂压裂 T_2 谱图中可得出，在清水+0.5%支撑剂压裂中，可流动水含量为 3.486%，束缚水含量为 96.514%。在清水+1%支撑剂压裂中，可流动水含量为 5.395%，束缚水含量为 94.605%。清水+2%支撑剂压裂中，可流动水含量为 4.015%，束缚水含量为 95.985%。可流动水含量大小为清水+1%支撑剂>清水+2%支撑剂>清水+0.5%支撑剂。

通过渗透率物性实验知，清水+0.5%支撑剂压裂后的渗透率为 0.263283mD；清水+1%支撑剂压裂后的渗透率为 0.40746mD；清水+2%支撑剂压裂后的渗透率为 0.30323mD。

综上采用渗透率和核磁共振物性实验结果进行对比，发现清水+1%支撑剂压裂效果较为理想。

3) 清水+表面活性剂压裂

样品制备完成后，将整个页岩样品浸泡于 12%的盐酸中进行酸化处理，浸泡时间为 12h 以上，浸泡完成后取出页岩样品并擦拭中心孔内以及表面的酸性液体，对样品进行封胶处理，封胶完成后静置 12h 以上，保证封胶的牢固稳定性。进行装样之前，在盛装压裂液的不锈钢罐中分别加入 1%表面活性剂、2%表面活性剂、3%表面活性剂。之后安装样品进行压裂实验，实验步骤与清水+支撑剂压裂步骤一致，最终压裂时的压力分别为 12MPa、24MPa、25MPa。表面活性剂压裂实验压裂后的孔喉分布如图 5.15 所示，孔径分布如图 5.16 所示，T_2 谱图如图 5.17～图 5.19 所示。

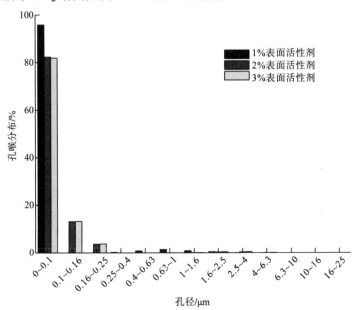

图 5.15　清水+表面活性剂压裂后的孔喉分布

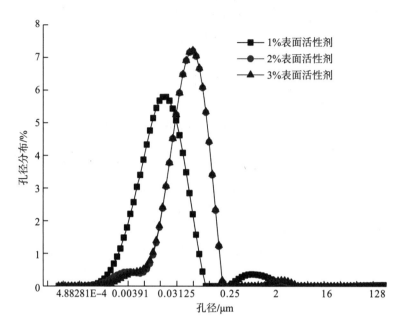

图 5.16　清水+表面活性剂压裂后的孔径分布

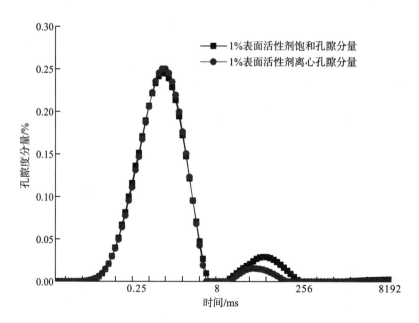

图 5.17　清水+1%表面活性剂压裂后的 T_2 谱图

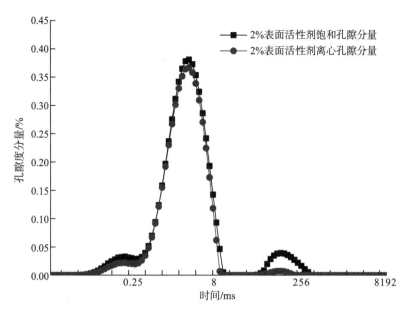

图 5.18　清水+2%表面活性剂压裂后的 T_2 谱图

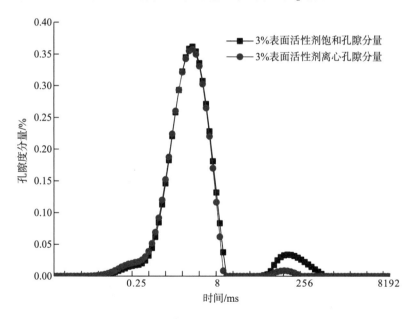

图 5.19　清水+3%表面活性剂压裂后的 T_2 谱图

从孔喉分布图中可以看出，在 1%表面活性剂压裂中，孔喉分布主要还是在孔喉半径比较小的位置，在 0～0.1μm 中，占了 95.85%，0.1～0.25μm 不存在孔喉的分布，0.25～4μm 稍大的孔喉半径中占了大约 3.8%左右，主要集中在 0.4～1.6μm，而大于 4μm 的孔隙中并不存在孔喉的分布。而在 2%表面活性剂压裂中，孔喉分布规律和 1%表面活性剂压裂基本一致，主要还是分布在孔喉半径较小的位置，在 0～0.1μm 中，占了 82.3%，0.1～0.16μm 占了 13.13%，0.16～0.25μm 占了 3.67%，1～6.3μm 稍大孔喉半径中占了 1%左右，主要集中在 1.6～4μm，存在于较大的孔喉半径中。在 3%表面活性剂压裂中，孔喉分布规律和前两者的规律大体一致,在 0~0.1μm 中,占了 81.9%,0.1~0.16μm 占了 13.2%,0.16~0.25μm 占了 3.8%左右,1~6.3μm 稍大孔喉半径中占了 0.89%左右,主要集中在 1.6~4μm。三者的孔喉分布主要都集中在小的孔喉半径位置,在大孔喉和小孔喉中占有率最高的是 2%表面活性剂压裂。

从孔径分布图中可以看出,在 1%表面活性剂压裂中,孔径分布主要集中在 0.001~0.1μm,也有的集中在 0.5~5μm。在 2%表面活性剂压裂中,孔径分布主要集中在 0.01~0.5μm,有的集中在 1.2~6μm 的稍大孔径中。而 3%表面活性剂压裂中,孔径的分布和上述两者规律相似,主要是集中在 0.001~0.1μm,有的是集中在 1~5μm。孔径分布中无论是大孔径还是小孔径,2%表面活性剂压裂占有率最高。

从表面活性剂压裂 T_2 谱图中可得出,在 1%表面活性剂压裂中,可流动水含量为 4.936%,束缚水含量为 95.064%。在 2%表面活性剂压裂中,可流动水含量为 11.213%,束缚水含量为 88.787%。在 3%表面活性剂压裂中,可流动水含量为 5.607%,束缚水含量为 94.393%。可流动水含量大小顺序和上述的孔径分布和孔喉分布的大小规律一致,也是 2%表面活性剂压裂的含量最高。

通过渗透率物性实验,1%表面活性剂压裂后的渗透率为 0.46679mD;2%表面活性剂压裂后的渗透率为 1.0604mD;3%表面活性剂压裂后的渗透率为 0.53024mD。大小规律与上述的核磁共振实验的孔径分布、孔喉分布、可流动水含量的大小规律一致。

综上采用渗透率和核磁共振物性实验结果进行对比,发现 2%表面活性剂压裂效果较为理想。

4) 综合压裂液压裂

经过添加支撑剂、表面活性剂、酸化单一的助剂实验之后,再添加一些研究成果良好的助剂和选取最优的助剂配比混合实验作为综合压裂液压裂实验。综合压裂液的配比主要是 1%的支撑剂、2%的表面活性剂、20%的甲醇、12%的盐酸。综合压裂液配比确定后,先进行样品制备,样品制备完成后,将整个页岩样品浸泡于 12%的盐酸中进行酸化处理,浸泡时间为 12h 以上,浸泡完成后取出页岩样品并擦拭中心孔内以及表面的酸性液体,对样品进行封胶处理,封胶完成后静置 12h 以上,保证封胶的牢固稳定性。进行装样之前,在盛装压裂液的不锈钢罐中加入综合压裂液。之后安装样品进行压裂实验,实验步骤与清水+支撑剂压裂、表面活性剂压裂步骤一致,最终压裂时的压力为 21MPa。综合压裂液压裂实验压裂后的孔喉分布如图 5.20 所示,孔径分布如图 5.21 所示,T_2 谱图如图 5.22 所示。

从孔喉分布图中可以看出,在综合压裂液压裂中,孔喉分布主要还是在孔喉半径比较小的位置,在 0~0.1μm 中,占了 77.78%,与之前的单一压裂实验有所减少。0.1~0.16μm 占了 10.75%,而 0.16~0.25μm 占了 3.357%,0.25~0.63μm 稍大的孔喉半径中没有孔喉分布,而 0.63~6.3μm 的孔喉分布占了 8.5%左右,和之前的压裂实验相比,增大程度较高。

从孔径分布图中可以看出,综合压裂液压裂中,孔径分布主要集中在 0.001~0.5μm 之间,也有部分集中在 1~8μm,而且较之前的单一压裂实验含量增加较多。

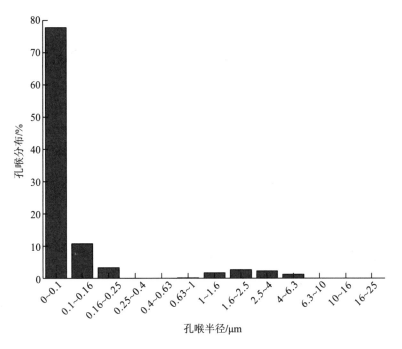

图 5.20 综合压裂液压裂后的孔喉分布

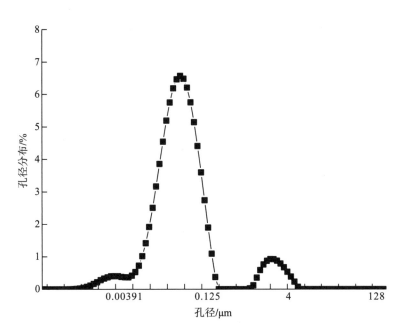

图 5.21 综合压裂液压裂后的孔径分布

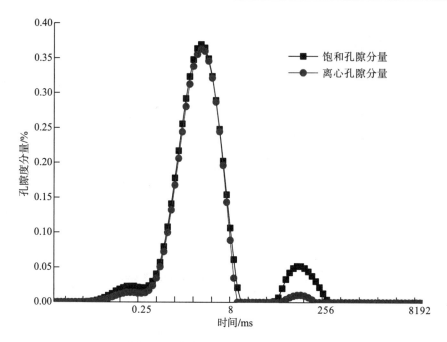

图 5.22　综合压裂液压裂后的 T_2 谱图

从综合压裂液压裂 T_2 谱图中可得出，综合压裂液压裂中，可流动水含量为 11.47%，束缚水含量为 88.53%。综合压裂液压裂中的可流动水含量是所有单一实验中含量最高的。

通过渗透率物性实验，综合压裂液压裂后的渗透率为 1.3827mD。综合压裂液压裂后的渗透率是所有单一实验中含量最高的，与所有单一实验相比，效果和上述的孔喉分布、孔径分布和核磁共振 T_2 谱图的效果中都是最理想的。

综上采用渗透率和核磁共振物性实验结果进行对比，综合压裂液比所有单一实验的效果都好，确定综合压裂液的配比为 1%的支撑剂、2%的表面活性剂、20%的甲醇、12%的盐酸。

5.3　水锁效应处理效果分析

5.3.1　水锁效应影响因素与评价指标

1. 水锁效应影响因素

水锁效应的实质是压裂液和页岩矿物质吸收水分膨胀挡住了页岩气的流通孔道。水锁效应主要与页岩之间的渗透率、孔隙度、束缚水饱和度、作业压差有一定的相关性。王伟丽等[68]以鄂尔多斯盆地的页岩作为研究对象，分析了该地区的储层地质特征及其影响因素，研究表明，在作业压差作用下，孔隙度和渗透率会降低。何涛等[69]以鄂尔多斯盆地延长组长 7 储层为研究对象，分析了其砂岩的孔隙结构，研究得出，孔隙率与喉道半径呈正比关系。徐豪飞等[70]以新疆油田为研究对象，分析了在开采过程中注入水的储层伤害，研究表明,由于研究区块的黏土矿物质含量多,注入水后会产生水敏损害,同时,注入的水需要严格要求,否则会直接堵住储层通道。

1)渗透率

渗透率是页岩气在页岩之间的透过率。渗透系数越大,页岩气的透过可能性也就越大。姚广聚等[71]采用不同物性的岩心进行实验研究,实验数据见表 5.3。

表 5.3　地层渗透率饱和前后的变化

岩心编号	气测渗透率/mD		气测渗透率降低幅度/%
	饱和前	饱和后	
V235	0.2080	0.053900	74.09
431B	0.2010	0.049800	75.22
619	0.0309	0.000101	99.67
225	0.0362	0.000132	96.35
132	0.0193	0.002060	89.33
93	0.0309	0.000660	97.86

由表 5.3 研究可得:饱和前后的渗透率降低幅度平均在 88.75%,渗透率大幅度降低,页岩气在页岩层之间透过可能性减小,水锁效应严重。

2)孔隙度

孔隙有两种孔隙,一种是由于地质原因页岩之间原来就有的孔隙;另一种是采用水力压裂破裂产生的孔隙。孔隙越大,页岩之间的页岩气越容易被抽采。董文武等[72]以鄂尔多斯盆地东部上古生界储层为研究对象,研究表明,孔隙度与水锁效应呈负相关,因为孔隙度越小,孔喉半径也就越小,地下页岩层之间的毛细管压力就越大,压裂液返排时间越长,水锁效应越严重。许多研究学者以及专家采用不同区域的地层为研究对象,同样得到孔隙度与水锁效应呈负相关的结论[73,74]。

3)束缚水饱和度

束缚水饱和度相当于是页岩吸收水的饱和度,饱和度越高,页岩吸收水的容量越大。庞振宇等[75]以苏里格气田苏 48 区块盒 8 段储层为研究对象,研究表明,水锁效应与束缚水饱和度呈非线性关系,随着束缚水饱和度的增大,水锁效应也随之增大,当达到饱和之后,逐渐趋于平缓。

4)作业压差

由于地层之间自身就有压力,要使压裂液进入地层以及岩层之间,必须压入压力。当自身的压力与压入压力之差越大,越有利于压裂液的返排,水锁效应越不明显。许多学者[76]研究表明,自身的压力与压入压力之差越大,水锁产生的表皮系数越小,水锁效应伤害程度越小。

5) 气液界面张力

采用水力压裂的方法开采页岩气时，抽采的页岩气有一个气相界面，而压裂液开采之后，由于毛细管力的作用，压裂液并不能完全排除，就会形成一个液相界面。气液界面之间由于接触角小于90°，二者之间会形成表面张力。表面张力越大，相当于锁住水的能力越大，水锁效应越严重[77,78]。

2. 水锁效应评价指标

水锁效应的影响因素主要有渗透率、孔隙度、束缚水饱和度、作业压差、表面张力等，虽然不同的影响因素对水锁效应的影响程度各异，但是，每个因素对水锁效应都有严重的影响。唐洪明等[79]以克拉苏气田的页岩气井为研究对象，以核磁共振成像技术为载体分析了水锁效应的毛细管力作用过程，并采用高温钝化、核磁共振等不同的方法对水锁效应进行了评价。由于原始饱和水在水锁效应改造后，并不能代表永久的水锁效应伤害，采用渗透率进行水锁效应评价，评价表达式见式(5-3)，评价水锁效应程度见表5.4。

$$D = \frac{K_i - K_{ir}}{K_i} \tag{5-3}$$

式中，D——为水锁伤害率，%；

K_i——初始含水饱和度下的渗透率，D；

K_{ir}——不同含水饱和度下的渗透率，D。

表 5.4   水锁效应伤害程度指标

水锁伤害率/%	≤5	5～30	30～50	50～70	70～90	>90
水锁效应程度	无	弱	中等偏弱	中等偏强	强	极强
水锁伤害恢复率/%	≥95	60～95	50～60	30～50	10～30	<10
水锁伤害恢复程度	极强	强	中等偏强	中等偏弱	弱	无

采用评价式(5-3)对比分析了蒸馏水和8%的KCl溶液的水锁伤害程度。研究表明，水锁效应与影响因素存在相应的相关性，当孔隙度越小，矿化度、流体黏度、束缚水饱和度越大，水锁效应越严重。

程宇雄等[80]提出了评价水锁效应主要有水相圈闭指数法、总水体积法、相圈闭系数法、CAPA指数法等方法。对临兴地区水锁效应的评价，采用水相圈闭指数法和总水体积法，二者对应的判别式见式(5-4)和式(5-5)。通过评价，在参评的 34 个层位中，一半属于易水锁层位，1/3 属于临界水锁层位，剩下的为不易水锁层位，表明该地区的水锁效应发生概率较高，应该提出相应的预防与缓解水锁效应的措施。

$$APT = 0.25 \lg K_a + 2.2 S_w \tag{5-4}$$

$$\%BVW = 100 S_w \cdot \varphi \tag{5-5}$$

式中，APT——相圈闭系数；

K_a——渗透率，D；

S_w——初始含水饱和度；

%BVW——总水体积系数；

φ——岩层的孔隙度。

刘建坤等[81]对水锁效应的机理进行分析，研究认为水锁效应的发生主要取决于两个方面，第一个方面，由于毛细管力的存在，非润湿相驱替润湿相导致岩层渗透率下降，即水分子的存在挡住了页岩气的流动而出现水锁效应；第二个方面，由于页岩层中存在黏土成分，在水里压裂过程中，黏土吸收水分膨胀，导致页岩孔隙减小阻碍了页岩气的流通而发生水锁效应。采用核磁共振 T_2 谱图进行评价水锁效应，T_2 谱图左峰表示束缚水含量，右峰表示可流动水含量，束缚水含量越高，表示水锁效应越严重，通过可流动水含量或者束缚水含量的变化评价水锁效应的伤害程度。

考虑经济性、适用性、实验可达成性等外界条件，评价指标选择气测渗透率和 T_2 谱图中的可流动水含量。

5.3.2　水锁效应评价

水锁效应指在水力压裂开采页岩气中，由于水的存在使页岩层的渗透率下降，页岩气分子无法通过页岩层进行抽采的一种现象。水锁效应的机理主要有以下两种，一种是由于毛细管压力的存在，导致页岩层的渗透率下降，水分子的存在挡住了页岩气分子的流动通道；另外一种是页岩层中含有黏土矿物质，黏土矿物质吸收水分之后会膨胀，减小了页岩的孔隙度，挡住了页岩气分子的流通[85,86]。综上所述，水锁效应机理的实质就是水分子直接和间接的作用产生的。选择气测渗透率和可流动水含量对水锁效应进行评价，气测渗透率是页岩层渗透率的直观表现，通过对比清水压裂前后的渗透率，可得出水力压裂后导致的水锁效应程度的大小。同时，通过不同的水锁效应处理方法，也可以测试渗透率的改变量直观的评价水锁效应恢复程度。另外，可流动水含量也可以直观地表示水锁效应的严重程度。页岩层中的水可以分为束缚水和可流动水。束缚水是永久性伤害的来源，在不添加外界作用的情况下，会永久存在于页岩层中。而可流动水可以在页岩层中自由流动，不会对水锁效应造成直接的影响，可流动水的多少可以用来表征孔隙度的大小。在清水压裂过程中，可以通过对比前后的可流动水含量进行水锁效应评价，同时，也可以评价不同的水锁效应处理方法的效果。

5.3.3　不同处理方法效果对比

1）清水压裂

采用清水进行模拟地层条件压裂，压裂前后的 T_2 谱图如图 5.23 和图 5.24 所示，相关数据见表 5.5。

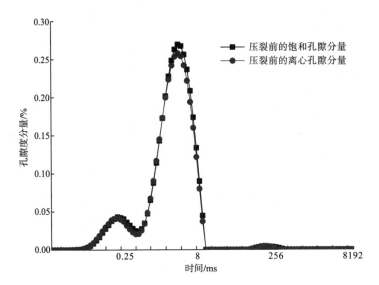

图 5.23   清水压裂前的 T_2 谱图

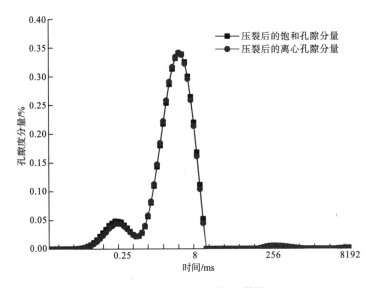

图 5.24   清水压裂后的 T_2 谱图

从图中可以看出，图中总共有 3 个峰，正常情况下，只会出现 2 个峰，主要原因是为了确保水力压裂实验的进行，在制样的时候在页岩样品的正中央钻了一个小孔，目的是放置进液管。因此，在进行物性测试时，系统误以为是原始的孔喉造成，左数第一个峰便是因为这样的原因造成的。这个峰的存在并不影响水锁效应的评价，因为压裂前后都存在相同的峰。

表 5.5   清水压裂前后数据对比

样品编号	孔隙度/%	束缚水饱和度/%	自由流体饱和度/%	渗透率/mD
YY485-3（压裂前）	3.677	97.012	1.988	0.02196
YY485-3（压裂后）	4.688	98.988	1.102	0.17045

从表 5.5 中可以看出,孔隙度在压裂后增大了 1.011%,说明压裂之后产生的裂缝对页岩气增产有一定的效果。而束缚水饱和度增大了 1.976%,束缚水的增多会加剧水锁效应,自由流体饱和度降低了 0.886%,说明水力压裂对于页岩气的开采具有一定的效果,同时,水锁效应也会随之加剧。束缚水饱和度在水力压裂之后增大了,并且压裂之后达到了 98.988%,如果根据上述渗透率和可流动水含量计算水锁效应伤害率,由于压裂之后会产生裂缝,渗透率和自由水含量势必会增大。因此,在采用渗透率和可流动水含量评价计算过程中,实际是水锁效应的逆过程,则伤害率应为绝对值,计算过程如下。

$$D_{可流动水} = \left| \frac{K_i - K_{ir}}{K_i} \right| \times 100\% = \left| \frac{1.102 - 1.988}{1.102} \right| \times 100\% = 80.4\% \tag{5-6}$$

$$D_{渗透率} = \left| \frac{K_i - K_{ir}}{K_i} \right| \times 100\% = \left| \frac{0.17045 - 0.02196}{0.17045} \right| \times 100\% = 87.12\% \tag{5-7}$$

从上述的计算过程中可以看出,整个页岩压裂之后的渗透率和可流动水的伤害率都大于 80%,根据水锁效应程度评价表可以得出,该地区的水锁效应属于比较强的。

2)清水+支撑剂

采用清水+支撑剂进行模拟地层条件压裂实验时,先进行酸化处理,并且,在制样过程中,所有样品的体积大小、层位几乎相同,压裂前的所有数据都是进行酸化处理之后的,由于样品的基本统一性,因此,压裂前的数据都采用同一个样品的数据来源。酸化处理后的孔喉分布如图 5.25 所示,孔径分布如图 5.26 所示,T_2 谱图如图 5.27 所示,压裂后 T_2 谱图如图 5.28~图 5.30 所示,相关数据见表 5.6。

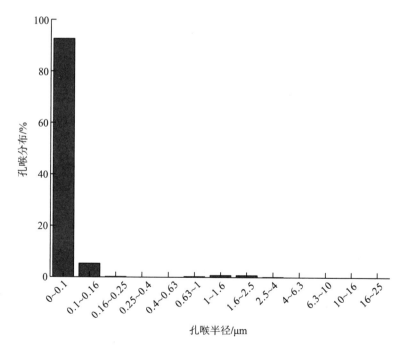

图 5.25 酸化处理后的孔喉分布

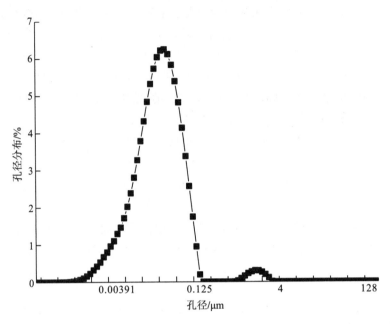

图 5.26 酸化处理后的孔径分布

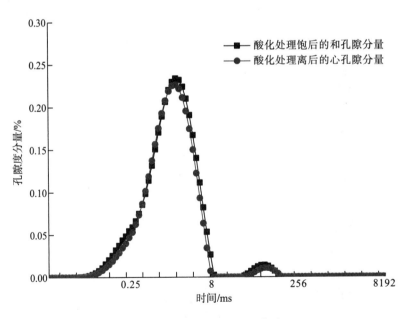

图 5.27 酸化处理后的 T_2 谱图

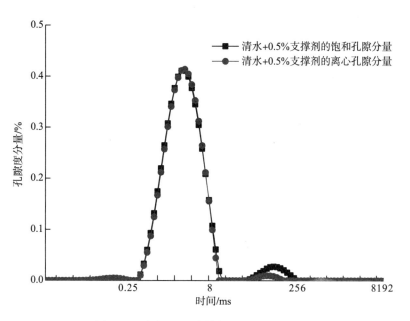

图 5.28　清水+0.5%支撑剂压裂后的 T_2 谱图

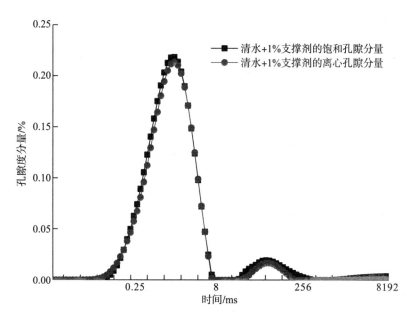

图 5.29　清水+1%支撑剂压裂后的 T_2 谱图

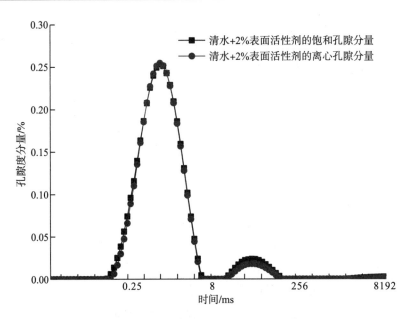

图 5.30　清水+2%支撑剂压裂后的 T_2 谱图

表 5.6　清水+支撑剂压裂前后数据对比

样品编号	比例	孔隙度/%	束缚水饱和度/%	自由流体饱和度/%	渗透率/mD
YY483-1（压裂前）	—	3.623	95.381	4.619	0.058200
YY484-1（压裂后）	0.5%	5.508	96.514	3.486	0.263283
YY843-1（压裂后）	1%	3.499	94.605	5.395	0.407462
YY483-2（压裂后）	2%	3.864	95.985	4.015	0.303236

　　采用上述清水压裂之后的渗透率和流动水伤害率评价水锁效应,由于前人评价水锁效应只是评价水锁效应的伤害程度,并没有提及水锁效应的解除。因此,采用支撑剂这一办法解除水锁效应中,评价时采用渗透率和可流动水含量作为评价指标时,用压裂后的数据减去压裂前的数据应该是恢复程度,而不是水锁程度。在用渗透率指标评价时,应该减去清水压裂时产生裂缝的渗透率,分别以 $R_{可流动水}$ 和 $R_{渗透率}$ 表示可流动水含量和渗透率的水锁效应伤害恢复程度。

　　支撑剂含量为 0.5% 时:

$$R_{可流动水} = \frac{4.619 - 3.486}{4.619} \times 100\% = 24.529\%$$

$$R_{渗透率} = \frac{0.263283 - 0.058200 - 0.170450}{0.263283} \times 100\% = 13.154\%$$

　　支撑剂含量为 1% 时:

$$R_{可流动水} = \frac{5.395 - 4.619}{5.395} = 14.386\%$$

$$R_{渗透率} = \frac{0.407462 - 0.058200 - 0.170450}{0.407462} \times 100\% = 43.884\%$$

支撑剂含量为 2%时：

$$R_{可流动水} = \frac{4.619 - 4.015}{4.619} = 13.076\%$$

$$R_{渗透率} = \frac{0.303236 - 0.058200 - 0.170450}{0.303236} \times 100\% = 24.597\%$$

从上述计算过程中可以看出，对于支撑剂含量为 0.5%时，采用可流动水含量和渗透率评价水锁伤害恢复程度都是属于弱；而对于支撑剂含量为 1%时，自由水含量评价水锁伤害恢复程度属于弱，而渗透率评价水锁伤害恢复程度属于中等偏弱；对于支撑剂含量为 2%时，可流动水含量和渗透率评价水锁伤害恢复程度都是属于弱。综上所述，支撑剂含量为 1%时水锁效应解除效果较好。

3）清水+表面活性剂

采用清水+表面活性剂进行模拟地层条件压裂实验时，先进行酸化处理，并且，在制样过程中，所有样品的体积大小、层位几乎相同，压裂前的所有数据都是进行酸化处理之后的，由于样品的基本统一性，因此，压裂前的数据都采用同一个样品的数据来源。酸化处理后的孔喉分布如图 5.25 所示、孔径分布如图 5.26 所示，T_2 谱图如图 5.27 所示，压裂后的 T_2 谱图如图 5.31～图 5.33 所示，相关数据见表 5.7。

表 5.7　清水+表面活性剂压裂前后数据对比

样品编号	比例	孔隙度/%	束缚水饱和度/%	自由流体饱和度/%	渗透率/mD
YY483-1(压裂前)	—	3.623	95.381	4.619	0.05820
YY483-4(压裂后)	1%	4.321	95.064	4.936	0.46679
YY484-2(压裂后)	2%	5.088	88.787	11.213	1.06040
YY484-4(压裂后)	3%	4.956	94.393	5.607	0.53025

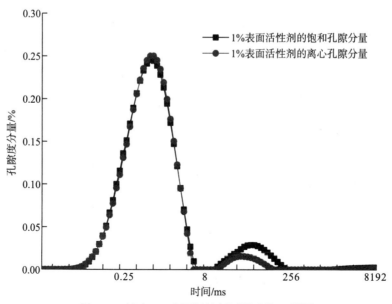

图 5.31　清水+1%表面活性剂压裂后的 T_2 谱图

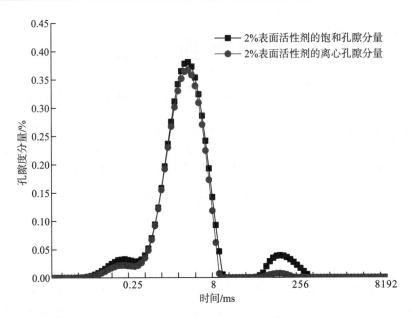

图 5.32　清水+2%表面活性剂压裂后的 T_2 谱图

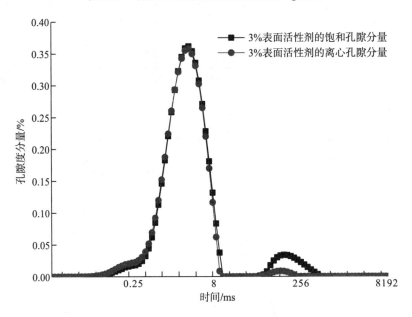

图 5.33　清水+3%表面活性剂压裂后的 T_2 谱图

由于处理方式基本一样，因此采用上述清水+支撑剂算法进行计算。

清水+1%表面活性剂：

$$R_{可流动水} = \frac{4.936 - 4.619}{4.936} \times 100\% = 6.422\%$$

$$R_{渗透率} = \frac{0.46679 - 0.05820 - 0.17045}{0.46679} \times 100\% = 51.017\%$$

清水+2%表面活性剂：

$$R_{可流动水} = \frac{11.213 - 4.619}{11.213} \times = 58.807\%$$

$$R_{渗透率} = \frac{1.06040 - 0.05820 - 0.17045}{1.0604} \times 100\% = 78.437\%$$

清水+3%表面活性剂：

$$R_{可流动水} = \frac{5.607 - 4.619}{5.607} \times 100\% = 17.621\%$$

$$R_{渗透率} = \frac{0.53025 - 0.05820 - 0.17045}{0.53025} \times 100\% = 56.879\%$$

从上述计算过程中可以看出，对于清水+1%表面活性剂，采用可流动水含量评价水锁伤害恢复程度是属于无，而采用渗透率评价水锁伤害恢复程度是属于中等偏强；对于清水+2%表面活性剂，可流动水含量评价水锁伤害恢复程度属于中等偏强，而渗透率评价水锁伤害恢复程度属于强；对于清水+3%表面活性剂，可流动水含量评价水锁伤害恢复程度属于弱，而渗透率评价水锁伤害恢复程度属于中等偏强。综上所述，表面活性剂含量为 2%时水锁效应解除效果较好。

4)综合压裂液

采用清水+表面活性剂进行模拟地层条件压裂实验时，先进行酸化处理，并且，在制样过程中，所有样品的体积大小、层位几乎相同，压裂前的所有数据都是进行酸化处理之后的，由于样品的基本统一性，因此，压裂前的数据都采用同一个样品的数据来源。孔喉分布如图 5.25 所示，孔径分布如图 5.26 所示，T_2 谱图如图 5.27 所示，压裂后的 T_2 谱图如图 5.34 所示，相关数据见表 5.8。

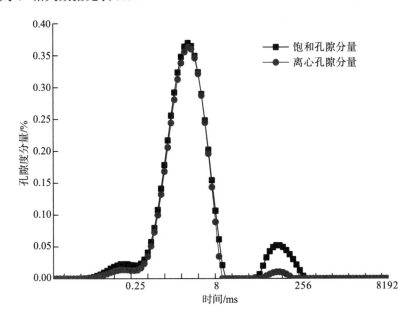

图 5.34　综合压裂液压裂后的 T_2 谱图

表 5.8   综合压裂液压裂前后数据对比

样品编号	孔隙度/%	束缚水饱和度/%	自由流体饱和度/%	渗透率/mD
YY483-1(压裂前)	3.623	95.381	4.619	0.0582
YY483-4(压裂后)	4.919	88.530	11.470	1.3827

由于处理方式基本一样，因此采用上述清水+支撑剂算法进行计算。

对于综合压裂液：

$$R_{可流动水} = \frac{11.470 - 4.619}{11.47} \times 100\% = 59.730\%$$

$$R_{渗透率} = \frac{1.3827 - 0.0582 - 0.17045}{1.3827} \times 100\% = 83.464\%$$

从上述计算过程中可以看出，对于综合压裂液压裂时，采用自由水含量和渗透率评价水锁伤害恢复程度分别为 59.730%和 83.464%，属于中等偏强和强。整体综合液对于水锁效应的解除具有较好的效果。

5.3.4   页岩气开采指导

中国页岩气开采起步晚，页岩气的开采和未来的商业化使用对国家整个能源的布局都有比较重要的影响。贵州作为中国页岩气赋存非常丰富的省份，对于整个页岩气开采是一股不可或缺的力量。现今页岩气开采比较成功的有重庆涪陵地区，而贵州的黔北地区毗邻涪陵地区，开采技术可以参考涪陵地区。黔北地区是特殊的喀斯特地貌，属于低渗透地区，经过前文的计算评价，采用流动水含量和渗透率评价，水锁效应伤害率均大于 80%，水锁效应伤害程度是比较高的。在进行单因素分析时，单因素主要选择支撑剂、表面活性剂。结合前人的研究成果最后确定综合压裂液，采用可流动水含量和渗透率评价水锁效应伤害恢复程度，自由水和渗透率评价的水锁效应恢复率分别为 59.730%和 83.464%，水锁效应恢复程度属于中等偏强以及强，解除水锁效应效果较好。这对于黔北地区低渗透的页岩气开采过程中水锁效应的处理有一定的指导意义，其他地区水锁效应的处理也具有一定的借鉴意义。

第6章   贵州黔北页岩气组分及有利区评价

6.1   黔北地区页岩含气性

6.1.1   页岩含气量

1) 含气量测试方法

研究分析页岩含气性参数特征对计算页岩的资源富集程度、气藏模拟和生产评估产生重要的影响[82]。要实现对页岩现场解析含气量的测量和收集，须通过特定的实验方法。首先，将收集到的页岩岩心样品迅速放入解析罐中密闭，解析罐装满饱和食盐水，且饱和食盐水提前加热到与岩心地层对应的储层条件中保持恒温；然后，为使解析罐中压力与大气压力相一致，用导管将倒置量筒与处在恒温水箱中的解析罐相互连接，如图6.1所示。为了使气体尽可能地解析出来，将岩心恒温解析不低于5h后，逐渐提高解析温度进行解析，直到解析完毕。在收集气体过程中，用漏斗将倒置量筒中的气体导入已排除空气的集气瓶中，并在固定时间段对解析气量进行计量。最后，将收集到的气体，经过气相色谱仪进行气体组分的测定。

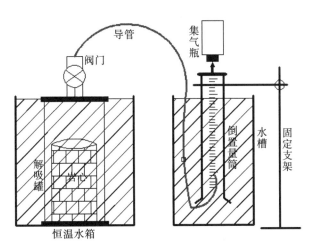

图6.1   页岩气解析及其收集示意图

2) 黔北页岩气含气量

利用上述实验方法，先后对黔北地区龙马溪组、牛蹄塘组等地层的7个页岩调查井进行含气性现场解析及相关资料的收集。解析目的层位主要以牛蹄塘组（$\mathcal{C}_1n$）、龙马溪组（S_{11}）为主，陡山沱组（Z_1ds）、变马冲组（$\mathcal{C}_1b$）及相邻地层中的富有机质夹层为辅，埋深为

500～2500m。

由页岩现场解析可知，下志留统龙马溪组以 DY-1 井和 XY-1 井含气性较好，DY-1 井损失气量+解析气量为 1.32～1.63m³/t，总含气量为 1.84～2.69m³/t，XY-1 井的总含气量为 0.63～2.81m³/t；而下寒武统其他地层(Z₁ds，$\mathbb{C}_1$n，$\mathbb{C}_1$b，$\mathbb{C}_1$j)损失气量+解析气量为 0.05～1.52m³/t，总含气量为 0.28～3.64m³/t。其中，牛蹄塘组区块典型井为 FC-1 井和 FY-2 井，对其页岩进行现场解析，解析含气量分布在 0.39～1.97m³/t(图 6.2)，位于中上部方解石破碎带 2468.98～2473.5m 位置处的含气量达到最高，即为 1.97m³/t，大于 1m³/t 的厚度超过 50m，总气量分布在 0.87～4.13m³/t，平均值为 2.07m³/t；FY-2 井总含气量呈锯齿状分布，普遍较低，分布在 0.04～1.07m³/t，平均值为 0.41m³/t，处于不同构造带含气量差异明显。

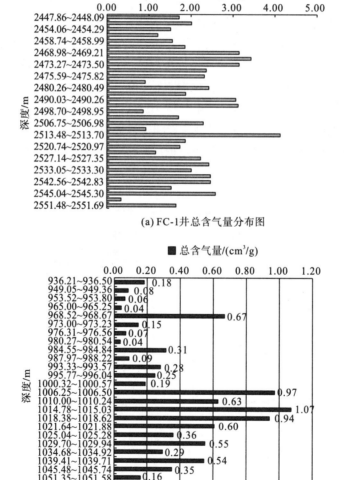

图 6.2   黔北牛蹄塘组典型井含气量分布图

据北美地区页岩气开发知，页岩含气量为 1.10～9.91m³/t，是具有商业开发价值的页岩气藏[83]。整体研究分析，黔北地区重要开发层位的牛蹄塘组、龙马溪组为富有机质页岩层段，具备良好的含气量，含气量均值在 2～4m³/t，故黔北区域富有机质页岩层段具备良好的页岩气勘察开采潜力[84]。

6.1.2　页岩气组分分析及碳、氮同位素特征

1. 页岩解析气体组分

本节主要采用气相色谱仪对页岩气进行气体组分的测定方式，对黔北区域牛蹄塘组及龙马溪组两套层位页岩的页岩气组分进行研究分析，并确定各个组分的含量。

1）牛蹄塘组

所研究的 FC-1 井及 FY-2 井位于湄潭县中部和凤冈县中南部，对 FC-1 井页岩组分进行分析，发现其 CH_4 含量较低，分布在 0.1～12%，平均值仅为 3.83%，N_2+CO_2 含量高达 95%；FY-2 井 CH_4 含量分布在 3～23%，平均值为 15.6%，N_2 占 84%，含有微量的 C_2～C_6 气体（图6.3）。

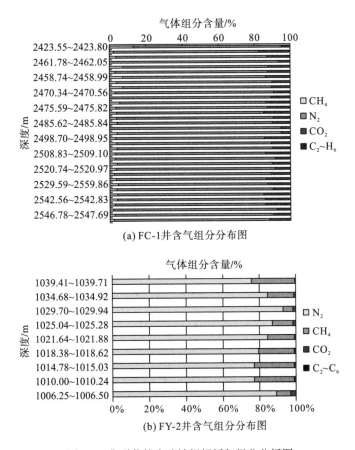

图 6.3　典型井的牛蹄塘组解析气组分分析图

根据大量钻井资料及现场解析数据显示，除了岑巩区块中 TX-1 等页岩井富含 CH_4，含量分布 60%～82% 外，但大部分邻区，如 SY-1 井、ZY-1 井、MY-1 井等页岩井在载气为 H_2，H_2、Ar 或 H_2、Ar、He 的条件下进行气体组分测试，均存在 CH_4 等烃类气体含量较低，N_2 和 H_2（已排除空气组分）含量异常高的现象，CH_4 含量均分布在 2%～10%，均值为 8.6%，N_2 和 H_2 含量占据约 90% 以上（表 6.1）。

据统计分析周边牛蹄塘组相关页岩井，大部分井口 N_2 含量大于 80%，约占 66.7%，反映出黔北地区牛蹄塘组页岩井 CH_4 含量低，N_2 含量高具有一定区域普遍性，但高含 N_2 的页岩井不利于商业性开发。经研究分析认为，高含 N_2 的现象可能与解析仪中有空气的残留或与地下风化带中有少量空气成分存在一定的关系，黔北牛蹄塘组地区要实现商业性开发，有待进一步的勘探考察。

表 6.1 牛蹄塘组页岩气组分分析汇总

样品	井深 /m	载气	CH_4 含量 /%	C_2～C_4 含量 /%	CO_2 含量 /%	N_2 含量 /%	H_2 含量 /%	备注
SY-1	1623.80	H_2	3.86	—	0.90	95.33	—	解析气
SY-2	1635.20	H_2	5.03	—	0.44	94.53	—	解析气
SY-3	1650.86	H_2	3.97	—	0.56	95.47	—	解析气
SY-4	1679.61	H_2	4.26	—	0.68	95.06	—	解析气
MY-1	862.15	H_2、Ar	4.42	—	0.23	95.35	—	解析气
MY-2	869.16	H_2、Ar	4.84	0.06	1.21	93.89	—	解析气
MY-3	875.27	H_2、Ar	4.67	0.04	0.98	94.31	—	解析气
MY-4	882.35	H_2、Ar	4.75	0.03	0.57	94.65	—	解析气
TX-1	1368.30	H_2、Ar	80.70	2.01	2.33	14.96	—	解析气
TX-2	1389.20	H_2、Ar	76.43	1.10	2.74	19.74	—	解析气
TX-3	1402.50	H_2、Ar	77.85	1.47	2.91	17.78	—	解析气
TX-4	1415.60	H_2、Ar	80.61	1.41	2.60	15.39	—	解析气
ZY-1	1003.26	H_2、Ar、He	8.09	0.01	1.77	65.42	24.70	解析气
ZY-2	1005.19	H_2、Ar、He	5.27	0.01	0.43	57.32	36.98	解析气
ZY-3	1012.51	H_2、Ar、He	9.16	0.03	0.87	58.23	31.71	解析气
ZY-4	1014.13	H_2、Ar、He	10.02	0.02	0.96	62.89	26.11	解析气

注：已扣除空气组分；部分数据来源于贵州省页岩气调查报告，2013；"—"表示含量微小或无法检测。

2）龙马溪组

对黔北地区龙马溪组的道真、习水、桐梓等页岩进行调查，DY-1 井位于道真县玉溪镇大路坪村，属于下志留统龙马溪组下部富有机质页岩段，实钻井深 633.33m，井揭示龙马溪组富有机质页岩段厚度约 48m。其中，解析气组分以 CH_4 为主，含量主要分布在 95.25%～99.3%，均值为 98.06%，含有少量 C_2～C_4 气体及微量 CO_2 和 N_2（表 6.2）。据易同生等[84]研究表明，邻区习页 1 井（XY-1 井）及桐梓地区页岩气组分也主要以 CH_4 为主，含量高达 82.40% 以上，含有少量的 N_2、O_2 及微量的 C_2～C_4 气体。则黔北地区龙马溪组甲烷等烃类气体含量较高,具备良好的页岩气勘察开采条件。

表 6.2　龙马溪组页岩气组分分析汇总

样品	井深/m	载气	CH_4 含量/%	$C_2 \sim C_4$ 含量/%	CO_2 含量/%	N_2 含量/%	O_2 含量/%	备注
DY-1	553.56	H_2	98.65	1.35	—	—	—	解析气
DY-2	589.90	H_2	97.40	2.60	—	—	—	解析气
DY-3	589.90	H_2	95.25	4.75	—	—	—	解析气
DY-4	592.70	H_2	99.30	0.70	—	—	—	解析气
DY-5	596.80	H_2	98.75	1.25	—	—	—	解析气
XY-1	582.35	H_2	82.40	0.43	—	12.94	3.52	解析气
TY-1	475.27	H_2	85.31	1.25	—	5.74	5.76	解析气

注:已扣除空气组分;部分数据来源于贵州省页岩气调查报告,2013;"—"表示含量微少或无法检测。

2. 碳、氮稳定同位素特征

天然气的化学组成较单一,反映出的信息不够全面,提现的页岩地球化学指标也较为缺失,而对页岩气化学组分及同位素特征的分析探索更有意义[85]。通过收集黔北地区地质特征及钻井现场资料,分析研究牛蹄塘组、龙马溪组页岩气气体组分及 CH_4、CO_2 和 N_2 同位素特征,对黔北地区不同气体组分的成因进行了进一步的探究。

1)烃类气体同位素特征及成因

CH_4 稳定碳同位素是其中一种评判天然气成因类型及其进行气源对比的重要参数[85]。戴金星在前人对天然气研究的基础上,研究并指出其组分成因的鉴别成为天然气成因识别的基础,并绘制了 $\delta^{13}C$—C_1/C_{2+3} 鉴别无机甲烷和各种有机甲烷的图版(图 6.4)[86,87]。

对黔北地区部分页岩井进行稳定碳同位素实验及对邻区页岩井相关资料的收集,黔北地区页岩解析气同位素参数特征见表 6.3。研究分析可知,黔北地区 C_1/C_{2+3} 比值普遍较大,分布在 216.1~4960.2,均值为 2968.4。在牛蹄塘组中,FC-1 井 $\delta^{13}C_1$ 分布在-46.1‰~-43.9‰,均值为-45.5‰,结合甲烷 $\delta^{13}C_1$—C_1/C_{2+3} 交会图(图 6.4)可知,其甲烷成因类型为伴生气;区 CY-1 井、TX-1 井、遵义松林井等页岩井 $\delta^{13}C_1$ 普遍分布在-39.6‰~-29.9‰,均值为-33.5‰,可知其成因类型为油型裂解气。而对于龙马溪组而言,如 XS-1 井、习水鱼溪井、仁怀五马井等页岩井的 $\delta^{13}C_1$ 普遍分布在-31.9‰~-27.8‰,均值为-29.95‰,结合甲烷 $\delta^{13}C_1$—C_1/C_{2+3} 交会图可知,其甲烷成因类型可能有油型裂解气,或为无机气成因。

表 6.3　黔北地区页岩解析气同位素参数特征

地层	井名	R_O/%	$\delta^{13}C_1$/‰	$\delta^{13}CO_2$/‰	$\delta^{15}N$/‰	样品数/个	数据来源
牛蹄塘组	FC-1 井	$\dfrac{1.5\sim28.0}{6.7}$	$\dfrac{-46.1\sim-43.9}{-45.5}$	$\dfrac{-16.3\sim-12.6}{-14.1}$	$\dfrac{-1.6\sim-0.59}{-1.13}$	6	本研究
	CY-1 井	$\dfrac{1.7\sim9.6}{4.6}$	$\dfrac{-36.5\sim-31.4}{-33.6}$	$\dfrac{-16.8\sim-12.3}{-14.6}$	—	3	文献[35]
	TX-1 井	$\dfrac{1.8\sim9.5}{5.3}$	$\dfrac{-39.6\sim-34.3}{-36.5}$	$\dfrac{-15.8\sim-11.9}{-13.7}$	$\dfrac{-10.2\sim-1.6}{-5.3}$	7	

续表

地层	井名	$R_O/\%$	$\delta^{13}C_1/‰$	$\delta^{13}CO_2/‰$	$\delta^{15}N/‰$	样品数/个	数据来源
	遵义松林	$\dfrac{1.7\sim20.6}{10.0}$	$\dfrac{-34.9\sim-30.6}{-33.3}$	—	—	17	文献[36]
	仁怀大湾	$\dfrac{4.4\sim13.2}{7.7}$	$\dfrac{-33.2\sim-29.9}{-30.7}$	—	—	6	
龙马溪组	XS-1 井	$\dfrac{1.46\sim2.68}{1.78}$	$\dfrac{-30.8\sim-27.8}{28.9}$	—	—	6	文献[37]
	习水鱼溪	$\dfrac{1.1\sim10.1}{5.5}$	$\dfrac{-31.9\sim-29.9}{-30.8}$	—	—	4	文献[36]
	仁怀五马	$\dfrac{3.1\sim5.9}{4.4}$	$\dfrac{-30.2\sim-30.1}{-30.15}$	—	—	2	

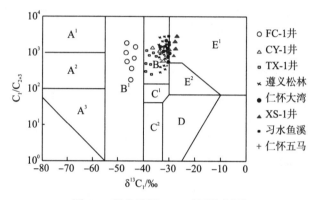

图 6.4　黔北地区 CH_4 成因鉴别图

A^1—生物气；A^2—生物气和亚生物气；A^3—亚生物气；B^1—伴生气；B^2—油型裂解气；

C^1—油型裂解气和煤成气；C^2—凝析油解气和煤成气；D—煤成气；E^1—无机气；E^2—无机气和煤成气

2) 非烃类气体成因及来源分析

据众多研究者[87-89]研究得出，判别天然气成因类型及来源除了通过烃类稳定有机碳同位素外，其组成中的非烃组分(CO_2、N_2)也是判别页岩气来源的重要方法。有机质裂

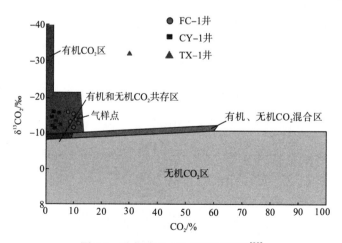

图 6.5　黔北地区 CO_2 成因鉴别图[92]

解、氧化等有机成因和碳酸盐矿物分解、幔源脱气及火山活动释放 CO_2 等无机成因是非烃类气体中 CO_2 主要来源[90,91]，其有机与无机 CO_2 鉴别如图 6.5 所示。据表 6.1、表 6.2 及表 6.3 的 CO_2 和部分页岩井 $\delta^{13}CO_2$ 分布特征可知，黔北地区牛蹄塘组页岩井中 $\delta^{13}CO_2$ 分布主要分布于-16.8‰～-11.9‰，均值为-14.1‰，普遍小于-10‰。结合有机与无机 CO_2 鉴别图分析，黔北地区牛蹄塘组页岩井 $\delta^{13}CO_2$ 集中落在有机 CO_2 区，表明黔北地区牛蹄塘组页岩气中 CO_2 主要为有机热成因。

　　天然气中 N_2 的主要成因来源于三个方面[88,92]，一是有机成因，也是天然气中氮气最主要的来源，其主要是有机质通过生物化学或热催化作用过程而生成的 N_2；二是大气成因，是发生沉积或发生淋滤作用时，大气中氮气随着饱和空气水同时进入页岩气藏段层，但因 N_2 在水中溶解的含量比较少，则这大气成因的 N_2 在天然气中含量也较少；三是与火山活动或地幔物质来源有关的 N_2。通过对 N 同位素分析，FC-1 井 $\delta^{15}N$ 分布在-1.6‰～-0.59‰，平均值为-1.13‰，TX-1 井的 $\delta^{15}N$ 也集中分布在-10.2‰～-1.6‰，平均值为-5.3‰。将其投影在 N_2 成因图版上，则可知，FC-1 井 N_2 组分可能来源于地壳深部和上地幔来源或沉积有机质热氨化作用，而 TX-1 井 N_2 组分可能来源于地壳深部和上地幔来源或微生物反硝化作用(图 6.6)。

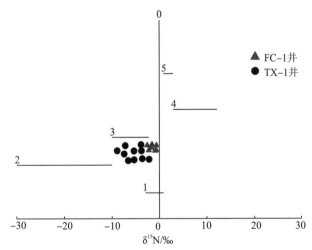

图 6.6　黔北牛蹄塘组 N_2 成因及鉴别图

0—大气氮；1—地壳超深部或上地幔来源；2—微生物反硝化作用；

3—沉积有机质经热氨化作用；4—有机质裂解产生；5—沉积岩中在无机氮在高温变质作用

6.2　页岩气有利区评价

6.2.1　黔北页岩气有利区条件

　　据北美对页岩气勘探开采的经验可知，页岩井要具备良好的含气性，须以优良的生烃能力、储集空间及后期较好的保存条件为前提。而判断地区或页岩井是否能够获得高产，主要从地区或页岩井中富有机质页岩的有机地球化学特征、物性特征、含气性特征及保存条件等影响因素进行研究分析[93,94]。本节主要从页岩气生气条件、储集条件、保存条件及三者相互关系对黔北地区页岩气的有利区条件进行进一步的研究，为勘探开采黔北页岩气提供有力的理论基础。

1. 页岩气生气条件

页岩气的生气条件对页岩的产出起着重要的作用，从某种意义上说，生气条件的好坏决定着该地区是否实现商业化开采。页岩的生气条件的内部主控因素是页岩的有机地球化学特征，它不但对页岩气的生气能力起着控制性作用，且对页岩的储集性能，特别是页岩吸附页岩气的能力产生了重要的影响[93]。其中页岩有机地球化学特征主要包含有机碳含量（TOC）、有机质成熟度（R_o）、有机质类型显微组分等指标。

1）有机碳含量（TOC）

有机质的特性从根本上影响了页岩气气藏，可用于评判页岩的生烃能力[94]。主要用有机碳含量（TOC）和氯仿沥青指标来表示有机质丰度，但因中国海相地层发育时期早、构造运动复杂，残留氯仿浙青"A"含量微量，不能有效体现我国海相富有机质页岩的生控能力，则主要以 TOC 对海相富有机质页岩进行评价则。页岩中总有机碳含量的重要作用主要体现在两个方面，分别是页岩气的烃源岩和作为储集天然气的主要储层段。富有机质页岩为页岩气提供了有效的气源岩分布和面积，同时，在某种环节上决定了页岩裂缝的发育情况，为页岩的含气量提供了储层空间[95]。

对于有机碳含量是否存在下限值的问题，针对不同地区及地层或不同的研究学者，都用不同的观点，没有达到统一的标准。梁狄刚[96]等对我国南方地区下古生界烃源岩评价进行了划分（表 6.4），综合各研究者研究结论可知，页岩要具备开发价值的 TOC 平均应不低于 2.0%。

表 6.4   中国南方地区下古生界烃源岩评价划分标准[96]

烃源岩级别	极好	很好	好	中	差
TOC 含量/%	>5.0	3.0～5.0	2.0～3.0	1.0～2.0	0.5～1.0

根据实际钻井资料揭示，区域上牛蹄塘组富有机质泥岩从南向北厚度变大，富有机质泥岩厚度 104～108m，分布稳定，便于对页岩气勘查开发；研究区五峰组+龙马溪组表现为北厚南薄，北西厚南东薄的规律，在北部的凤冈永和剖面五峰+龙马溪组厚度为 117.69m，同为北部的湄潭永兴剖面厚度也达到了 87.03m，东部的凤冈大丰岩剖面有 34.17m。总而言之，研究区富有机质页岩有效厚度基本都在 30 米以上，沉积环境相对稳定，均质性相对较好，其研究区富有机质页岩层对比如图 6.7 所示。

将众多前人对黔北区域页岩气的研究结果进行总结分析，黔北地区牛蹄塘组页岩或剖面的有机碳含量大部分介于 1.8%～9.7%，平均含量为 5.08%[图 6.7(a)]，有机碳含量较为丰富，具备良好的生烃条件；而龙马溪组页岩或剖面的有机碳含量大部分介于 0.42%～6.20%，其均值为 3.61%[图 6.8(b)]，与牛蹄塘组页岩的有机碳含量相比偏低，但也具备良好的开发条件。

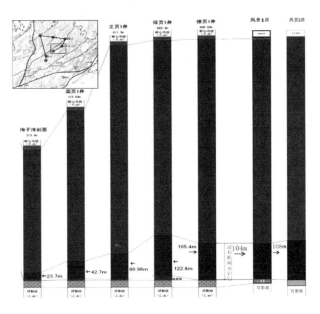

图 6.7　黔北地区富有机质页岩层对比图

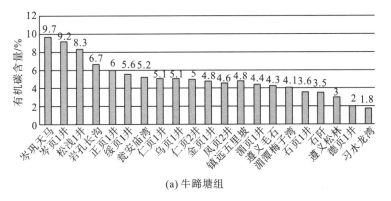

(a) 牛蹄塘组

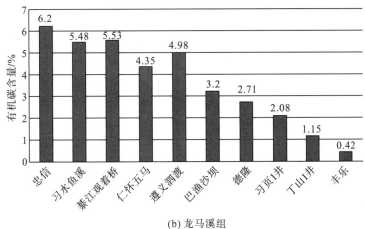

(b) 龙马溪组

图 6.8　黔北地区牛蹄塘组主要井口或剖面的有机碳含量分布图

　　研究区典型井 FC-1 井页岩有机碳含量(TOC)值为 1.5%～28%，平均 6.7%[图 6.9 (a)]，有机碳含量高，利于页岩气勘探开发，在纵向上 TOC 值与页岩的埋深呈正比，并呈现出两个异常高峰段；而龙马溪组中 DY-1 井 TOC 值分布在 1.12%～5.76%，均值为 2.76%，有机碳含量随着地层加深分布较为均匀[图 6.9 (b)]。据分析结果可知，黔北地区黑色页岩有机碳总体含量较高，且远高于北美页岩气开发有机碳含量不低于 2% 的前提，具有较好的生气潜力，而牛蹄塘组横向非均质性优于龙马溪组，为页岩气产生奠定了优质的物质基础。

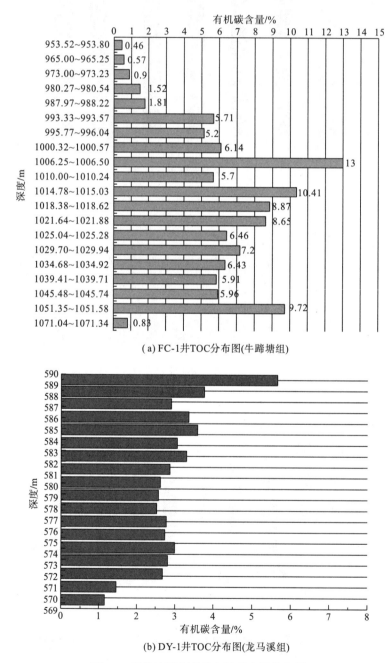

(a) FC-1井TOC分布图(牛蹄塘组)

(b) DY-1井TOC分布图(龙马溪组)

图 6.9　黔北地区典型井有机碳含量分布图

2) 有机质成熟度(R_o)

页岩有机质成熟度(R_o)对页岩的生烃能力和生气量起着决定的作用，且在页岩气的赋存状态、运移程度和聚集空间等方面也起支配作用，当有机质达到适当的成熟阶段时生烃作用才发生。不同成熟阶段，有机质表现不同特性。在适当范围内，有机质成熟度增高，有利于有机质裂解形成气体，过高或过低的成熟度都不利于气体的生成与吸附。R_o会影响页岩有机质结构，有机质在热解生烃的过程中，热演化程度的改变会导致有机质孔隙结构也产生变化，主要表现在微孔数量上的增加，除此之外，还表现在控制着黏土矿物间微孔隙的发育。

据北美对页岩气成功勘探开采的实际经验来看，富有机质黑色页岩要实现商业化开采，有机质成熟(R_o)主要分布在 1%～3%[97,98]。聂海宽[99]等研究者提出有机质成熟度(R_o)可以作为页岩储层系统有机成因气研究的重要指标，并对其不同的有机质成熟度值做出对应的划分，具体划分标准见表 6.5。

表 6.5　中国南方黑色页岩成熟阶段划分标准[100]

	未成熟	成熟	高成熟	过成熟早期	过成熟晚期	变质期
R_o(%)	<0.5	0.5～1.3	1.3～2	2～3	3～4	>4
成烃阶段	生物气	成油期	凝析油-湿气	干气	干气	生烃终止

有机质成熟度(R_o)可体现出页岩干酪根成熟度的有效参数，现从钻井所采取的岩心进行实验测试研究并及总结众多研究者研究资料来探析黔北区域有机质成熟度。黔北区域下寒武统牛蹄塘组黑色页岩典型井——FC-1 井的页岩有机质成熟度普遍较高，随着深度变化幅度不大，主要分布在 1.89%～3.74%，均值为 3.06%[图 6.10(a)]。据中国南方玄色页岩成熟阶段划分规范可知，FC-1 井的有机质成熟阶段处于过成熟早期或晚期，成烃阶段属于干气阶段，不利于页岩气的形成；而下志留系龙马溪组典型井 DY-1 井的页岩演化程度较牛蹄塘组较低，演化程度适中，主要介于 0.73%～2.81%，平均值为 2.02%[图 6.10(b)]，可知 DY-1 井的有机质成熟阶段处于高成熟阶段和过成熟早期阶段，而成烃阶段属于凝析油-湿气阶段和干气阶段，与牛蹄塘组做对比，便于页岩气的形成。

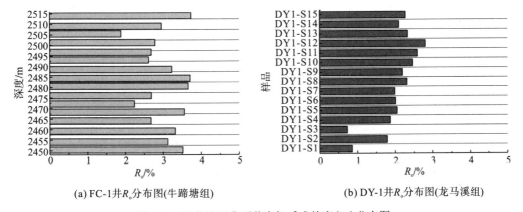

(a) FC-1井R_o分布图(牛蹄塘组)　　　　　　　(b) DY-1井R_o分布图(龙马溪组)

图 6.10　黔北地区典型井有机质成熟度(R_o)分布图

对黔北地区牛蹄塘组相关剖面及页岩井的黑色页岩有机质成熟度(R_o)进行分析,全区有机质成熟度(R_o)主要介于1.39%~4.16%,均值为2.65%,R_o值介于2%~3%的剖面或井口占到65.63%,超过3%的占到25%(图6.11),则黔北下寒武统牛蹄塘组页岩演化普遍处于高演化阶段,不利于页岩气的生成,但处于有机质页岩气商业化开采值中。黔北下志留系龙马溪组黑色页岩有机质成熟度(R_o)主要介于1.51%~2.89%,均值为2.36%,R_o值介于1%~2%的剖面或井口占到27.78%,介于2%~3%的剖面或井口占到66.67%,超过3%的较少(图6.12),黔北下志留系龙马溪组页岩演化部分处于高演化阶段,较牛蹄塘组更利于页岩气的形成,是黔北页岩气开发的重点区域。

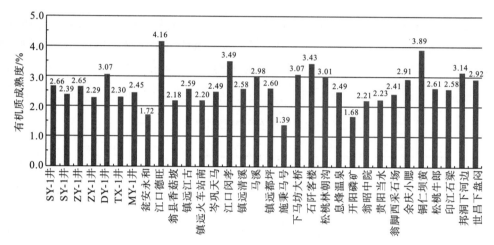

图6.11 黔北地区牛蹄塘组主要井口或剖面有机质成熟度

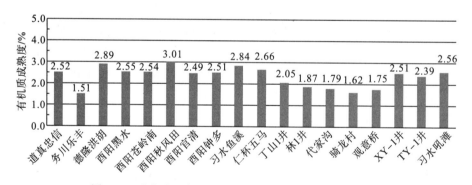

图6.12 黔北地区龙马溪组主要井口、剖面有机质成熟度

3)有机质显微组分

富有机质页岩中,有机质类型一方面能反映出页岩的生烃能力,另一方面也能体现出页岩在生烃过程中烃类产物的类型及其性质转变的重要参数[101]。不同类型的干酪根在显微组分含量和化学组成结构上差异性也很大,从根本上反映出形成在不同的演化阶段,不同的干酪根类型在页岩生气高峰期也有不同的对应指标[102]。就目前对富有机质页岩有机质类型的研究,主要从以下三个方面进行划分:①干酪根镜检,即在显微镜下鉴定干酪根组分的特征;②对干酪根稳定有机碳进行鉴定;③通过岩石热解的T_{max}进行判别[103]。

　　腐泥组、壳质组、镜质组和惰质组组成了干酪根显微组分镜下特征，而腐泥型、腐泥-腐殖型、腐殖型三大类，即 I 型、II 型、III 型，构成了干酪根显微组分下有机质类型，具体划分见表 6.6。据北美对页岩气的成功勘探开发经验得知，属 I 型及 II 型的干酪根是具有形成页岩气的潜力[5]。本节主要采用第一种方法，即显微组分分析法来分析黔北地区黑色页岩有机质类型。

表 6.6　干酪根类型 T1 划分标准

选用参数	类型			
	腐泥型(I 型)	腐殖-腐泥型(II₁ 型)	腐殖-腐泥型(II₂ 型)	腐殖型(III 型)
类型指数(T1)	>80~100	40~80	0~40	<0~-100

　　黔北区域下寒武统牛蹄塘组中，FC-1 井干酪根有机显微组分以腐泥组为主，类型指数平均为 97，是具备良好的生烃条件的 I 型，而邻近的 MY-1 井、ZY-1 井、SY-1 井、DY-1 井中干酪根有机显微组分也以腐泥型为主，类型指数均大于 90(表 6.6)。而遵义松林等剖面的干酪根有机显微组分主要以腐泥组和壳质组为主(表 6.7)，腐泥组的相对丰度分别为 11%~92%，平均为 51%，壳质组的相对丰度为 8%~85%，均值为 47%，具备少量的镜质组和惰质组，干酪根类型指数介于 51~97，据表 6.6 的划分标准，其类型主要是 I 型和 II₁ 型。总体上看，黔北地区下寒武统牛蹄塘组富有机质页岩的母源主要为海藻等低等水生底栖，具备较好生烃的物质基础。

　　对黔北地区下志留系龙马溪组中 DY-1 井取心段页岩样做干酪根镜检测试，从表 6.8 干酪根显微组分及类型统计可知，干酪根显微组分主要以腐泥组、壳质组及镜质组为主，部分样品含有少量的惰质组，干酪根类型指数分布在 -23~58，则干酪根类型主要为腐殖-腐泥型(II₁、II₂)及腐殖型(III 型)，腐殖-腐泥型(II₁、II₂)占到所取样品的 84.62%，腐殖型(III型)仅占到 15.38%。这表明黔北区域龙马溪组有机质页岩的母源主要海生水藻或海洋浮游等低等生物脂肪质，生烃能力较好，但有机质演化程度高，已进入生干气阶段，产气能力有限。

表 6.7　牛蹄塘组碳质泥岩干酪根显微组分及类型统计

层位	井口或剖面	岩性	有机显微组分相对丰度/%				类型指数	干酪根类型
			腐泥组	壳质组	镜质组	惰质组		
∈₁n	ZY-1 井	碳质泥岩	98	—	1	1	96	I
∈₁n	SY-1 井	碳质泥岩	97	—	3	1	95	I
∈₁n	MY-1 井	碳质泥岩	97	—	2	2	96	I
∈₁n	SY-1 井	碳质泥岩	97	—	2	3	94	I
∈₁n	DY-1 井	碳质泥岩	94	—	6	—	94	I
∈₁n	FC-1 井	碳质泥岩	98	—	2	—	97	I
∈₁n	瓮安开阳	碳质泥岩	11	85	4	—	51	II₁
∈₁n	金沙长沟	碳质泥岩	63	35	2	—	79	II₁
∈₁n	金沙岩孔	碳质泥岩	67	31	2	—	81	I

层位	井口或剖面	岩性	有机显微组分相对丰度/%				类型指数	干酪根类型
			腐泥组	壳质组	镜质组	惰质组		
Є₁n	翁安永和	碳质泥岩	26	70	4	—	58	II₁
Є₁n	江口坝盘	碳质泥岩	68	31	1	—	83	II₁
Є₁n	遵义松林	碳质泥岩	31	68	1	—	64	II₁
Є₁n	ZK408	碳质泥岩	92	8	—	—	96	I

注：部分数据据据黔北地区页岩气资源调查评价报告，2013；"—"表示检测不到或是微量。

表6.8　龙马溪组(DY-1井)碳质泥岩干酪根显微组分及类型统计

层位	样品编号	荧光显示	有机显微组分相对丰度/%				类型指数	干酪根类型
			腐泥组	壳质组	镜质组	惰质组		
S₁l	DY1-S31	无荧光	9	72	16	3	30	II₂
S₁l	DY1-S41	无荧光	24	67	7	2	50	II₁
S₁l	DY1-S51	无荧光	25	66	4	5	50	II₁
S₁l	DY1-S61	无荧光	19	71	9	1	47	II₁
S₁l	DY1-S71	无荧光	30	65	2	3	58	II₁
S₁l	DY1-S77	无荧光	5	37	39	19	-25	III
S₁l	DY1-S85	无荧光	3	43	26	28	-23	III
S₁l	DY1-S89	无荧光	15	60	18	7	25	II₂
S₁l	DY1-S99	无荧光	20	55	22	3	28	II₂
S₁l	DY1-S101	无荧光	12	85	3	—	52	II₁
S₁l	DY1-S107	无荧光	16	83	1	—	57	II₁
S₁l	DY1-S110	无荧光	9	89	2	—	52	II₁
S₁l	DY1-S116	无荧光	10	87	3	—	51	II₁

2. 页岩气储集条件

据北美及我国对页岩气的大量研究表明，页岩气是一种具有明显的"源储一体"特征的非常规天然气，即富有机质页岩既是生烃源岩，也是页岩气储层最集中的空间。而一个地区页岩气藏要具有工业价值，在某种程度上要满足以下两个条件：其一，黑色页岩本身要具有一定规模能给予页岩气足够的聚集空间；其二，黑色页岩要具备较高渗透能力或后期可改造条件岩裂缝系统，为页岩气从基岩孔隙进入井孔提供了必要的运移通道。

传统的储层条件中，基质孔隙及孔隙是页岩两种主要储集空间，页岩中有机质孔隙具有两大功能，分别是页岩气最大的富集空间和吸附场所。通常从储集空间类型的划分、储层的孔渗特征及裂缝的组成和类型等方面来评价页岩的储集条件[103]。

1) 页岩矿物组分分析

富有机质页岩主要包括脆性矿物(石英、长石、方解石、黄铁矿等)和黏性矿物(伊利石、高岭石、蒙皂石、绿泥石等)，矿物组分的差异也会导致页岩在力学性质和对页岩气的吸附能力上的不同[3]。页岩基质孔隙、微裂缝发育水平及压裂改造难度等方面受到页岩的脆性矿物体积分数的直接影响。脆性矿物体积分数与页岩脆性呈正比，脆性强的页岩在外力的作用下，很容易导致天然裂缝的形成或诱导裂缝，对页岩后期开采极为有利，高黏土矿物体积分数的存在则反之[104]，但黏土矿物体积分数高的页岩便于吸附态气体的储集。

黔北区域牛蹄塘组黑色页岩主要通过 FC-1 井及 FY-2 井取心进行岩矿测试分析，据岩石矿物组分分布图(图 6.13)研究分析知，研究区域牛蹄塘组黑色页岩富含脆性矿物，主要有石英、长石、黄铁矿、方解石等。其中，FC-1 井页岩脆性矿物以石英、长石为主，含量为 55%～99.6%，平均 78%，方解石、铁矿类总体含量低，均值含量 15%，黏土矿物含量较低，均值含量为 22%；FY-2 井页岩脆性矿物含量随着深度具有一定的起伏，以石英、长石及白云石为主，含有少量的铁矿类及方沸石，脆性矿物含量介于 57%～96.8%，均值为 75.2%，黏土矿物含量较为丰富，分布在 3.2%～43%，平均含量为 24.8%。总而言之，黔北地区脆性矿物中石英矿物含量较高，极大便于页岩孔隙的保存，其诱导形成的裂缝系统既为游离气供应了聚集条件，也为吸附气的解析和含气量的增加了提供优越的储集条件。

我国富有机质页岩的矿物成分较复杂，许多研究者提出了适合计算我国页岩脆性指数的计算公式[104]：脆性指数=(石英+长石+白云石+方解石)/(石英+长石+白云石+方解石+黏土矿物)×100%。利用此式计算研究地区页岩脆性指数值，可得出 FC-1 井及 FY-2 井黑色页岩的脆性指数分别为 68.21%～96.18%、56.15%～92.13%。较高的脆性指数表明，黔北地区牛蹄塘组的页岩层位是较理想的勘探开发重点层位，而脆性矿物含有部分的铁矿类，说明页岩沉积环境具有较强的还原性，是页岩气藏形成与演化良好的前提。

对岩心样品进行黏土矿物 X 衍射测试，黏土矿物含量分布图如图 6.14 所示。FC-1 井黏土矿物以伊利石为主，其含量为 25%～96%，平均值为 77%，绿泥石次之，约占总量的 13%[图 6.14(a)]，其他黏土矿物含量较低；FY-2 井黏土矿物含量也以伊利石为主，分布在 18%～95%，均值为 62.5%，部分层位含有较高的高岭石、伊/蒙混层及绿泥石[图 6.14(b)]。伊利石是页岩储层成岩的后期产物，体现出牛蹄塘组较高的演化程度。

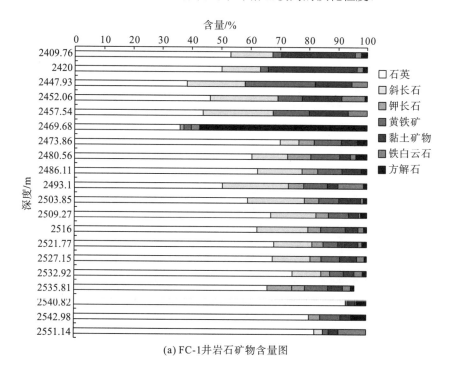

(a) FC-1井岩石矿物含量图

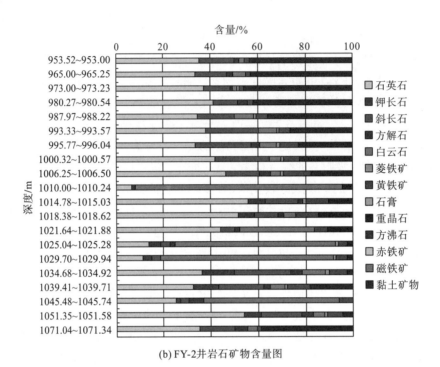

(b) FY-2井岩石矿物含量图

图6.13 黔北牛蹄塘组岩石矿物含量分布图

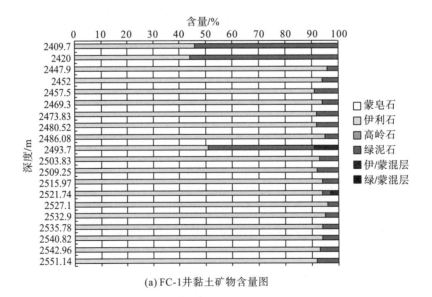

(a) FC-1井黏土矿物含量图

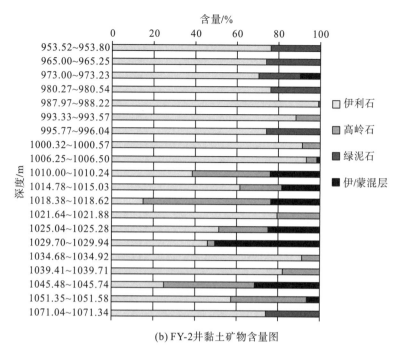

(b) FY-2 井黏土矿物含量图

图 6.14　黔北地区牛蹄塘组黏土矿物含量分布图

对黔北地区下志留系龙马溪组的研究以 DY-1 井和 XY-井(数据来源于文献[105])为研究对象,对所取的岩心 X 射线衍射(表 6.9)测试结果分析可知,DY-1 井页岩脆性矿物整体含量较高,分布于 65%～90%,均值为 77%,大部分以石英、长石为主,含有少量的方解石、白云石及铁矿类矿物,其中石英含量介于 32%～76%,平均值为 42.63%,黏土矿物含量也较为丰富,含量分布在 15%～35%,均值为 23%;而 XY-1 页岩脆性矿物页岩同样具有较高的含量,分布在 47%～82%,平均值为 63%,大部分以石英、斜长石为主,含有少量的方解石、白云石及铁矿类矿物,其中石英含量介于 20%～53%,均值为 33.2%,黏土矿物含量较 DY-1 井丰富,含量分布在 18%～48%,均值为 37%。

表 6.9　龙马溪组页岩 X 射线衍射测试结果(%)

样品编号	脆性矿物种类和含量							黏土矿物含量
	石英	钾长石	斜长石	方解石	白云石	铁矿类	小计	
DY1-S11	40	0	14	5	0	6	65	35
DY1-S21	35	0	13	14	6	0	68	32
DY1-S31	32	3	12	16	4	0	67	33
DY1-S41	34	5	11	10	6	3	69	31
DY1-S51	36	4	19	11	8	3	81	19
DY1-S56	40	0	15	8	5	0	68	32
DY1-S61	39	5	14	7	5	0	70	30
DY1-S67	44	4	14	8	6	0	76	24
DY1-S71	45	6	21	5	3	0	80	20
DY1-S77	48	3	9	6	7	5	78	22
DY1-S81	50	4	13	7	7	4	85	15

样品编号	脆性矿物种类和含量							黏土矿物含量
	石英	钾长石	斜长石	方解石	白云石	铁矿类	小计	
DY1-S85	42	3	10	7	4	7	73	27
DY1-S89	48	4	12	3	3	8	78	22
DY1-S91	63	4	10	2	2	4	85	15
DY1-S99	42	7	18	3	7	6	83	17
DY1-S101	76	2	6	4	2	0	90	10
DY1-S107	41	5	16	3	5	0	70	30
平均值	42.6	—	—	—	—	—	77	23
XY1-11	25	2	5	19	10	2	63	37
XY1-26	21	0	3	17	20	2	63	37
XY1-39	30	1	5	15	7	1	59	41
XY1-56	33	1	6	9	4	2	55	45
XY1-66	32	0	6	5	3	1	47	53
XY1-73	33	2	9	7	4	2	57	43
XY1-77	20	1	5	3	41	2	72	28
XY1-80	34	2	9	8	3	2	58	42
XY1-85	40	1	5	8	10	3	67	33
XY1-89	53	0	3	8	5	4	73	27
XY1-92	44	1	4	8	12	4	73	27
XY1-99	40	0	5	7	12	2	66	34
XY1-100	39	0	5	10	3	1	58	42
平均值	33.2	—	—	—	—	—	63	37

由北美对页岩气的勘探开发经验知，富有机质页岩要想获得商业性开发，须具备两个条件：一是脆性矿物含量不能低于40%，二是黏土矿物含量普遍不得高于30%。据上述分析知，黔北地区下志留系龙马溪组部分页岩样品黏土矿物含量较高，但总体矿物含量基本满足上述要求，较高的脆性矿物增大了地层的脆性，改善了页岩的孔隙度及微裂缝的发育程度，为后期压裂改造提供了极大的便利，较为丰富的黏土含量为页岩气提供了良好的储集空间，则该层位具有开发页岩气的巨大潜力。

2) 页岩孔渗特征

孔隙度和渗透率是页岩物性指标的重要参数，对页岩含气量有着举重若轻的影响。页岩气绝大部分以游离态与吸附态储集于页岩层中，虽低孔隙度、低渗透性是页岩储层的物性特征，但大部分游离态的页岩气都储存于这些低孔隙的微孔中，所以，孔隙度大小对页岩的含气量有着控制的作用。而页岩的渗透率普遍处于毫达西级别，CH_4分子半径可能会达到其平均半径的1/50[106]，但随裂缝的发育而大幅度增大。

经过对黔北区域牛蹄塘组层位黑色页岩进行孔渗实验，其中典型井 FC-1 井页岩孔隙度主要分布在 0.26%～1.39%，平均 1.05%，渗透率主要分布在 0.007～0.012mD，平均 0.0096mD（图 6.15）；所取的邻区 ZY-1 井、MY-1 井、SY-1 井等页岩井的 53 份样品，其页岩孔隙度绝大部分小于 2%，占据 90.6%，而孔隙度超过 2%的页岩样品只占到

9.1%（图 6.16），渗透率分布在 0.0007～0.0452mD，平均值为 0.0043mD（表 6.10）。

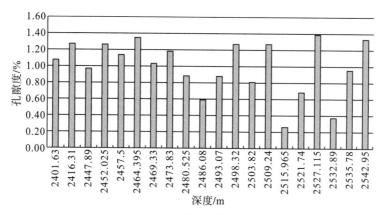

(a) FC-1 井页岩孔隙度分布图

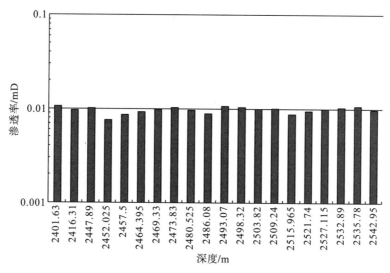

(b) FC-1 井页岩渗透率分布图

图 6.15　牛蹄塘组 FC-1 井页岩孔隙度及渗透率分布图

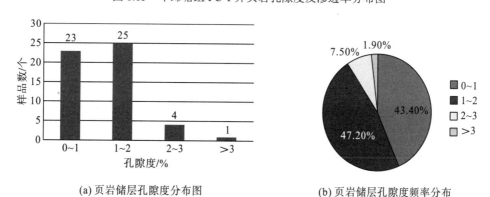

(a) 页岩储层孔隙度分布图　　　　　　　　(b) 页岩储层孔隙度频率分布

图 6.16　黔北牛蹄塘组孔隙度分布图

表6.10　牛蹄塘组邻区井口页岩储层孔渗参数

井口	岩性	孔隙度/%	渗透率/mD	样品数/个
ZY-1 井	碳质泥岩	(0.48~3.03)/1.32	(0.0007~0.0068)/0.0022	16
MY-1 井	碳质泥岩	(0.62~2.17)/1.29	(0.0013~0.0452)/0.0092	14
SY-1 井	碳质泥岩	(0.31~1.54)/0.93	(0.0007~0.0078)/0.0034	16
STY-1 井	碳质泥岩	(0.72~2.01)/1.09	(0.0009~0.0166)/0.0024	7

注: (最小值~最大值)/平均值。

据北美页岩气成功勘探开采经验知, 页岩气实现工业性储集条件之一是页岩孔隙度在 4%~5%, 渗透率为 0.01mD[107]。则黔北牛蹄塘组页岩储层孔隙度与渗透率普遍较低, 根据储层评价标准判断为超低孔超低渗储层, 基本达到页岩工业性储集条件。

在龙马溪组层位中, 主要以 DY-1 井和 MY-1 井为研究对象, 对所取的岩心进行孔渗分析可知, DY-1 井孔隙度介于 0.67%~1.76%, 平均值为 1.28%, MY-1 井孔隙度介于 0.86%~7.56%, 平均值为3.39%(图6.17); 而 DY-1 井渗透率分布在 0.0049~0.0321mD, 平均值为 0.0150mD, MY-1 井渗透率分布在 0.0176~0.1618mD, 平均值为 0.0663mD。与牛蹄塘组相比较, 龙马溪组页岩的孔隙度和渗透率普遍较大, 属中孔低渗储层, 不仅供给页岩气更多的储集空间, 还极易于诱导裂缝系统的产生。

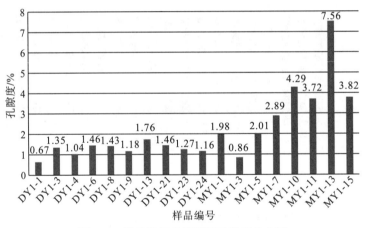

图6.17　黔北地区龙马溪组孔隙度分布图

表6.11　黔北地区龙马溪组页岩储层渗透率参数

井口	渗透率/mD	样品数/个
DY-1 井	(0.0049~0.0321)/0.0150	8
MY-1 井	(0.0176~0.1618)/0.0663	8

3)孔缝发育分布特征

(1)裂缝分布特征。在页岩气开采压裂过程中, 储层岩层中会持续产生裂缝, 裂缝发展成为油气不可缺少的渗流通道, 因此, 裂缝的产生和变化对开采油气及其输出有着重大的影响[108]。据裂缝的装填特征可分成两类, 其一为方解石等脆性矿物充填, 其二是碳泥质充填(或有机质充填);按其发育特征可分为水平裂缝、斜裂缝、高角度或垂直裂缝[109]。

由野外大量调查结果和所取岩心测试分析研究,黔北下寒武统牛蹄塘组及相邻地层中的裂缝特征据裂缝产状划分标准知,高角度-垂直缝发育较大,其次是近水平缝(图 6.18)。高角度-垂直缝缝面较为平整,有黄铁矿等脆性矿物充填,且收敛和切割特征明显可见,缝面亦有擦痕及阶步特征;近水平缝主要是顺层稳定延伸,大部分由方解石及黄铁矿装填,但也有少量泥质或干沥青装填。

(a) 高角度缝穿黄铁矿层(ZY-1井)

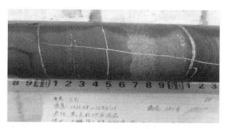

(b) 顺层缝、高角度缝切割收敛(SY-1井)

(c) 薄层硅质岩层间近水平缝(SY-1井)

(d) 破碎带状擦痕(CY-1井)

图 6.18 黔北地区牛蹄塘组宏观裂缝分布

而构造缝在龙马溪组中有两期可以体现,早期裂缝以高角度-垂直缝较为发育,缝面总体平直,方解石充填,宽度较小;后期裂缝高角度、低角度均可见,泥质充填或未充填,见滑动擦痕及煤镜质光泽(图 6.19)。

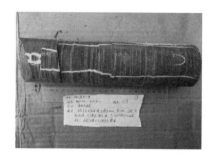

图 6.19 黔北地区龙马溪组宏观裂缝分布(DY-1 井)

综上可见,黔北地区方解石充填裂缝发育大,无论野外露头、井下岩心或是显微镜下均可观察到。但因方解石等矿物填充物理占据绝大的空间,给予页岩的储集空间和渗透条件作用微小, 页岩物性不理想。缝面具有镜质光泽, 且有滑动摩擦现象, 是碳泥质充填裂缝的一般特征。碳泥质充填裂缝主要是后期构造形成, 给予油气的运送通道, 对页岩储集性具有一定的意义。

(2) 微孔隙发育特征。在页岩中形成的孔隙系统主要含有矿物颗粒间、微孔缝(骨架颗粒间原生微孔、自生矿物晶间微孔、黏土伊利石化层间微缝)、矿物颗粒溶蚀微孔隙、基质溶蚀孔隙、有机质生烃形成的微孔隙等。

与牛蹄塘组相比, 龙马溪组储层主要以有机质孔、粒间孔为主, 孔渗均比牛蹄塘组好, 储集空间相对发育, 储集性能较理想, 如图 6.20 所示。通过岩石薄片观察, 牛蹄塘组 FC-1 井中储层孔隙主要是粒间溶孔、杂基微孔, 其次为粒内溶孔、生物格架孔, 少见有机质孔, 如图 6.21 所示; 孔隙之间相互连通较少, 导致具有很小的渗透率。

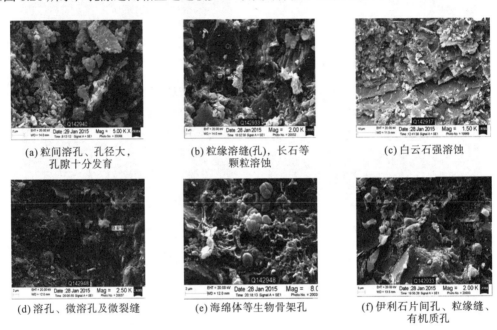

(a) 粒间溶孔、孔径大, 孔隙十分发育　　(b) 粒缘溶缝(孔), 长石等颗粒溶蚀　　(c) 白云石强溶蚀

(d) 溶孔、微溶孔及微裂缝　　(e) 海绵体等生物骨架孔　　(f) 伊利石片间孔、粒缘缝、有机质孔

图 6.20　牛蹄塘组黑色页岩镜下薄片图(FC-1 井)

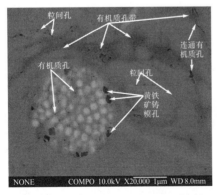

(a) 綦江县龙马溪组黑色页岩有机质孔发育

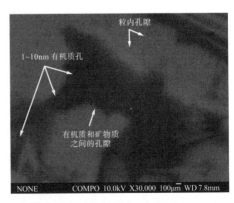

(b) HY-1 井牛蹄塘组有机质孔较少

图 6.21　黔北区域页岩镜下有机质孔对比图

(3)含气性特征。富有机质的页岩含气性特征,可以用来评估地区页岩气是否具有商业开采价值的重要参数。随着对页岩气开采技术水平的日益提升,研究富有机质页岩含气性的方法存在多种,本节主要从等温吸附模拟实验对黔北富有机质页岩含气性特征进行研究分析。

许多研究结果表明[110,111],北美地区富有机质页岩中吸附气含量占比20%以上到85%不等。对页岩储层的等温吸附线深入研究,可以更加有效地评估、预测页岩含气量、地质储量及可采储量。黔北牛蹄塘组主要选取 FC-1 井及 TM-1 井页岩岩心进行等温吸附模拟实验,实验条件:样品为排除空气的粉碎岩样;实验室温度 50℃;实验压力为 0～15MPa;氦气浓度 99.999%;甲烷浓度 99.9%;空气干燥基。其中,FC-1 井页岩埋深为2461.11～2461.21m,有机碳含量为3.94%,有机质成熟度为2.03%;TM-1 井页岩埋深为1461.36～1461.58m,有机碳含量为5.97%,有机质成熟度为2.63%,页岩的等温吸附线如图 6-22 所示。

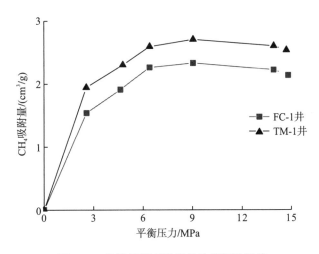

图 6.22　牛蹄塘组页岩样品的等温吸附线

由图6.22可知,两组页岩样品的CH₄等温吸附线趋势大体一致,约在平衡压力为3MPa时吸附量出现显著拐点,0～3MPa 时,吸附量与压力呈线性递增,3～9MPa 时,吸附量随压力增大而缓慢增加,并在9～10MPa出现最大吸附量,FC-1 井最大吸附量为$2.33cm^3/g$,TM-1 井最大吸附量为$2.71/cm^3\cdot g$,等温吸附线均具有 I 型吸附线特征。距最大吸附量出现之后,出现了吸附量逐渐降低的现象,其原因可能是随着压力的升高,使承压能力弱的部分孔隙坍塌,减少了页岩的比表面积,导致页岩的吸附能力降低[112]。且 TOC 含量高的TM-1 井页岩样品对 CH₄的吸附量高于 TOC 含量低的 FC-1 井,原因是有机质能发育大量的微小孔隙,比表面积大,导致吸附能力强[113]。

龙马溪组主要以 DY-1 井为研究对象,实验条件:样品为排除空气的粉碎岩样;实验室温度 30℃;实验压力为 0～12MPa;氦气浓度 99.99%;甲烷浓度 99.9%;空气干燥基。由页岩的等温吸附线知(图 6.23),页岩对 CH₄的吸附量也随着压力的增大而增加,在压力达约 11MPa,达到吸附量最大值。

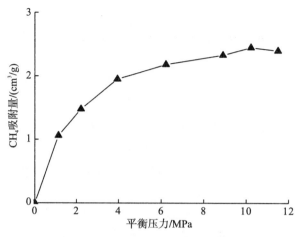

图 6.23　龙马溪组页岩等温吸附线(DY-1 井)

3. 页岩气保存条件

据页岩气自身成藏机理的特性,它将运移、聚集及成藏积于一身,需具备良好的聚集和保存条件[114]。近年来,贵州甚者全国地区对页岩气的勘探前景持着不太乐观的态度,虽然所勘察的地层具有生成页岩气的良好前提,但是普遍存在 CH_4 及其烃类气体含量过低,CO_2、N_2 含量过高的现象,无法对其商业化开采。所以,很多研究者在研究页岩气生成条件的同时,开始关注了对保存条件的研究。而贵州地区属于喀斯特地貌,地质构造复杂多样,保存条件对页岩气富集的影响尤为重要。本小节结合黔北的地质构造,从区域盖层特征、构造演化及水文地质三个方面对黔北地区页岩气保存条件进行研究探讨。

1)盖层特征

黔北区域中,残留牛蹄塘组在研究区内遍布广、厚度大,除了在金沙岩孔、遵义松林、沿河甘溪、湄潭黄莲坝、息烽—开阳、瓮安—余庆、镇远—岑巩—江口—松桃暴露剥蚀外,其他地方均有分布。牛蹄塘组上部覆盖有中上寒武系、奥陶系、志留系、二叠系和三叠系地层,其中对下伏牛蹄塘组页岩气具有封盖能力的地层有寒武系明心寺组(变马冲组)页岩、金顶山组(杷榔组)页岩、奥陶系湄潭组页岩、龙马溪组页岩、韩家店组页岩。奥陶系湄潭组页岩残留范围比下寒武统小,主要分布在开阳—瓮安以北、石迁—沿河以西地区,沉积厚度普遍大于200m,尤以桐梓—道真一线厚度较大,是区域性较好的盖层。志留系龙马溪组、韩家店组残留地层分布受区域构造控制,主要分布在呈北东向展布的向斜条带区域。

而呈北东向展布的向斜区域是黔北残留龙马溪组地层的主要分布方式,韩家店组、二叠系及三叠系都是其页岩的良好盖层,对页岩气具有良好的保存作用。受地区构造影响和剥蚀强度不同影响,残留二叠系与三叠系涵盖范围总体相同,大部分遍布在呈北东—南西向的向斜区,自东向西遍布在沿河—印江—石迁、德江—思南、务川—凤岗、道真—正安—绥阳、正安—桐梓—仁怀地区。据常泰乐[115]研究表明,黔北地区龙马溪组地层的相关调查井的盖层均为I类盖层,整体上具有良好的封盖能力,利于页岩气藏保存。

2) 构造演化特征

地质的构造运动对盆地的形成和演化起着决定性作用,随之影响着油气的生成、运移、聚集、保存及破坏等过程,而破坏作用主要表现为隆升剥蚀、伴随构造运动的断层切割作用,往往使油气保存条件、水文地质条件受到不同程度的破坏。据构造变形特征综合分析,黔北地区自晚元古代以来经历多次幕式的区域性构造运动。其中,广西运动、印支—燕山运动及喜马拉雅运动是褶皱造山运动,雪峰运动、都匀运动和东吴运动等主要为区域隆升运动[115,116]。

黔北牛蹄塘组页岩受褶皱抬升,背斜轴部页岩埋藏较浅,加之区块内存在多期活动的两条深大断裂及与褶皱伴生的局部断裂,断层倾角普遍较大,大部分为50°~80°,包括断面直立,更有可能发生倒转,多组断裂体系相互切割、联合和干扰,将牛蹄塘组页岩与地表沟通。并且在早、中燕山期广泛发育的逆冲断裂,由于其强烈的活动已在很大程度上破坏了海相地层的连续性并使之抬升剥蚀。因此,多期活动的断裂是影响牛蹄塘组页岩气保存条件的关键因素。而燕山—喜马拉雅运动形成的构造形态,对龙马溪组页岩气的保存起着决定性的作用,构造褶皱致使晚古生代以上地层大面积剥蚀,仅在复向斜中保留了三叠系及其以下地层,并形成多条北东向深断裂。虽深断裂易使岩层深处与地表形成开放系统,对页岩气的保存不利,但梅廉夫[117]等研究提出在局部构造在断裂影响下,特别是紧闭向斜区形成网状裂缝,在页岩气储集和开采方面都具有良好的条件。

3) 水文地质条件

杨绪充等[118]研究者研究表明,水文地质条件是油气保存条件的综合反映,主要受地表水文条件、盖层条件、目的层埋深、断裂等影响。一般情况下,地下水越靠近地表,与地表水联系越密切,反之就越差。刘方槐[119]将地层水划分为三个不同的水文地质垂直分带,分别是自由交替带、交替阻滞带和交替停滞带。因沉积埋藏水或短暂受大气水下渗影响形成了交替停滞带,对页岩保存条件最好;交替阻滞带主要是较长时间收到大气水下渗的影响,对页岩的保存条件适中;而自由交替带因长期由大气水下渗而形成,对页岩气的保存条件较差。而实际页岩气勘探开发中,可以用水中矿化度和离子(Ga^{2+}、Na^+及Cl^-等)浓度来判断页岩所保存的水文地质带。

据研究表明[120],位于上震旦统灯影组的 FS-1 井地层水的矿化度为 3.981g/L,而 Cl^-浓度微量,仅有 0.26g/L,均以 $NaHCO_3$ 水型为主,有自由交替带水文地质特点,对页岩气的保存不利。而松林岩孔中矿化度整体不高于 3g/L,均是 Na_2SO_4 水型,上部虽有 800m厚的牛蹄塘组—明心寺组砂泥岩作隔盖层,但仍有淡水渗出,也具自由交替带水文地质特征。与其区域地质与断层分布共同研究,可知其所在地区主要受赫章—遵义断裂影响,使其地处自由交替带,对页岩气保存较为不利。而黔北地区温泉较多,主要集中分布在早古生代地层中,尤其以下奥陶统和中上寒武统地层为主,震旦系灯影组也见温泉点分布。温泉是地表水下渗增温后回流地面的表现,因此温泉水的水温也体现了它的循环深度,也就是水文地质开启程度。黔北区域含有大量温泉,则可认为,黔北地区,温泉点附近的断层,一般开启程度高,对油气的保存条件较差。

6.2.2　评价模型

实现页岩气商业化开采是我国对非常规能源勘探开发所面临的重要挑战。牛蹄塘组及龙马溪组层位页岩是黔北目前最有利的页岩气勘探层位。但黔北地质构造复杂，影响页岩气富集的条件众多，对页岩气富集的主控因素分析较浅，页岩气储层的各个因素对页岩气的影响也不明确，对页岩气的"甜点区"选择缺乏系统的评价指标体系[121]，严重地制约了贵州页岩气的开发进程。

因此，本节结合上述对页岩气富集条件影响的主控因素，对其进行因子分析，根据主成分加权得分得出研究页岩井或剖面的综合得分并进行排名，选出页岩气的有利勘探区，对判断和评价黔北地区页岩气的资源勘探开发提供了参考价值。

SPSS 21.0 软件具有统计分析运算、深入分析数据、预测分析等功能，并能对数据进行因子分析。因子分析是多元分析中降维的一种方法，从研究指标相关矩阵内部的依赖关系出发，把一些信息重叠、具有复杂关系的变量归结为少数几个不相关综合因子的一种多元同系分析方法[122]。

先建立原始变量矩阵 X_{ij}，若有 n 个样品，每个样品有 m 个指标，则 $(X_{ij})_{n \times m}$ 组成的原始变量矩阵中 $i=1,2,\cdots,n$；$j=1,2,\cdots,m$。据下述文中选取黔北地区 12 个页岩井或剖面中的 8 个影响指标知，则 n 取 12，m 取 7。其次，因为原始数据中每个指标的数量级差距很大，因将原始数据转化为无量纲数据，即进行标准化，从而增强数据的可比性[123]。利用 Z-$Score$ 标准化将原始数据矩阵进行标准化处理，得到新矩阵 Z_{ij} 即：

$$Z_{ij} = \left(X_{ij} - \overline{X}_j \right) / S_j \tag{6-1}$$

式中，$\overline{X}_j$ ——原始变量的平均值；

S_j ——原始变量的标准差。

而

$$X = \frac{1}{n} \sum_{i=1}^{n} X_{ij} \tag{6-2}$$

$$S_j^2 = \frac{1}{n-1} \sum_{i=1}^{n} \left(X_{ij} - \overline{X}_j \right)^2 \tag{6-3}$$

相关系数矩阵用式(6-4)计算，即：$R = (r_k)_{p \times p}$

$$r_k = \frac{1}{n-1} \sum_{i=1}^{n} Z_{ij} Z_{ik} \tag{6-4}$$

然后计算特征值 λ_i，按照大小顺序进行排列，即 $\lambda_1 \geqslant \lambda_2 \geqslant \cdots \geqslant \lambda_m \geqslant 0$。根据特征值 λ_i 求出对应的特征向量 $l_i(i=1,2,\cdots,m)$，从而得到标准化后的指标向量转化成主成分，即：

$$F_j = l_1 Z_1 + l_2 Z_2 + \cdots + l_m Z_m \tag{6-5}$$

式中，Z_j ——矩阵 Z_{ij} 的特征向量；

F_j ——第 j 个主成分，又称为对主成分 F_j 的贡献。贡献率与所涵盖的信息量成正比。

其次，确定主成分的数量。据累计方差贡献率指前 K 个主成分方差占总方差的比例，即：

$$\alpha = \sum_{i=1}^{K} \lambda_i / \sum_{i=1}^{n} \lambda_i \tag{6-6}$$

式中，α——累计方差贡献率。

最后，根据权重计算主成分的最后得分，并进行评价，其公式为

$$F = \frac{\lambda_1}{\lambda_1 + \lambda_2 + \cdots + \lambda_K} F_1 + \frac{\lambda_2}{\lambda_1 + \lambda_2 + \cdots + \lambda_K} F_2 + \cdots + \frac{\lambda_K}{\lambda_1 + \lambda_2 + \cdots + \lambda_K} F_K \tag{6-7}$$

6.2.3　评价结果

1. 有利区评价

1) 评价指标及参数

据国内外众多研究者对影响页岩气富集的主控因素作出大量分析，并结合黔北地区页岩气富集条件的实际情况，总结出影响页岩气富集的主要条件有生成条件。包括有机碳含量(TOC)、有机质成熟度(R_o)、有机质类型三种影响指标；储集条件，含有矿物组分、孔渗特征、裂缝系统发育、含气性特征四种影响指标；保存条件，主要有盖层条件、构造演化特征、水文地质条件三种影响指标。

基于因子分析方法的评价手段和现有数据资料，主要选取黔北地区牛蹄塘组和龙马溪组两个层位的 18 个页岩井口及剖面的 7 个影响指标参数，7 个影响指标主要为有机碳含量(TOC)、有机质成熟度(R_o)、脆性矿物含量、黏土矿物含量、孔隙度、渗透率及含气量，具体参数见表 6.12。

表 6.12　页岩气富集影响指标参数

井口或剖面	影响指标						
	TOC/%	R_o/%	孔隙度/%	渗透率/mD	含气量/(cm³/g)	脆性矿物/%	黏土矿物/%
FC-1 井	6.72	3.06	1.05	15.98	2.07	78.01	21.99
FY-2 井	4.61	3.16	1.10	10.15	0.42	75.23	24.78
ZY-1 井	6.01	2.35	1.52	2.26	1.56	83.51	16.49
MY-1 井	4.33	2.45	1.29	9.21	0.42	72.24	27.76
SY-1 井	5.59	2.06	0.93	3.46	0.35	73.72	26.28
RY-1 井	5.12	3.47	1.34	1.09	3.17	50.92	48.08
RY-2 井	3.72	2.86	1.90	1.78	5.34	57.73	42.27
CY-1 井	9.18	3.37	2.11	8.06	4.32	60.21	39.79
ZY-1 井	6.82	2.79	0.86	1.39	0.95	61.86	38.14
SY-1 井	1.86	2.59	1.40	2.36	0.92	59.92	40.08
DY-1 井	4.23	3.07	0.42	1.67	0.26	80.23	19.77
松桃盘石	6.96	2.83	6.95	17.01	1.66	57.72	42.28
遵义松林	3.06	4.03	4.75	6.82	2.84	52.18	47.82
德江地区	5.16	3.44	0.42	16.06	1.76	50.43	49.57
绥阳地区	2.96	1.38	2.44	9.32	1.12	58.40	41.60

井口或剖面	影响指标						
	TOC/%	R_o/%	孔隙度/%	渗透率/mD	含气量/(cm³/g)	脆性矿物/%	黏土矿物/%
DY-1 井	2.76	2.12	1.08	15.09	2.16	73.18	26.82
XY-1 井	2.08	2.39	1.98	13.05	1.76	63.56	36.44
习水鱼溪	5.18	2.94	1.81	8.52	1.23	64.29	35.71

2）评价过程

由统计学家 Kaiser 提出的标准，当取样适当性量数 KMO（Kaiser-Meger-Olkin）值不小于 0.6 时，给予的参数作因子分析才较为恰当。而当 KMO 值越大时，表示变量间的共同因素就越大，越适合做因子分析。指标参数运行时 KMO 值是 0.648，大于 0.6，适合作因子分析。利用主成分分析方法，将初始数据标准化处理后得到相关矩阵，见表 6.13。

表 6.13　参数的相关系数矩阵

影响指标	X_1	X_2	X_3	X_4	X_5	X_6	X_7
X_1	1.000	0.291	0.084	0.051	0.170	0.094	-0.095
X_2	0.291	1.000	0.149	-0.030	0.375	-0.353	0.350
X_3	0.084	0.149	1.000	-0.296	0.220	-0.393	0.398
X_4	0.051	-0.030	-0.296	1.000	-0.054	-0.042	0.049
X_5	0.170	0.375	0.220	-0.054	1.000	0.419	0.468
X_6	0.094	-0.353	-0.393	-0.042	-0.470	1.000	-1.000
X_7	-0.095	0.350	0.398	0.049	0.468	-1.000	1.000

计算有机碳含量（TOC）X_1、有机质成熟度（R_o）X_2、孔隙率 X_3、渗透率 X_4、含气量 X_5、脆性矿物含量 X_6、黏土矿物含量 X_7，共 7 个主控因素的相关系数矩阵以及特征值，确定主成分个数。主成分主要由因子的贡献率，累计方差贡献率，得分及载荷来确定。本参数分析是利用 SPSS 21.0 软件中的主成分分析方法，求 7 个变量中相关矩阵的特征值和贡献率，见表 6.14。

表 6.14　参数的特征值和贡献率

成分	初始特征值			提取平方和载入			旋转平方和载入		
	合计	方差/%	累计/%	合计/%	方差/%	累计/%	合计/%	方差/%	累计/%
1	2.792	42.890	42.890	2.792	42.890	42.890	2.592	41.542	41.542
2	1.684	23.235	66.125	1.684	23.235	23.235	1.529	22.283	63.825
3	1.196	17.238	83.363	1.196	17.238	83.363	1.285	19.538	83.363
4	0.532	7.034	90.397						
5	0.423	5.624	96.021						
6	0.338	3.126	99.147						
7	0.216	0.853	100.000						

　　由表 6.14 的计算结果,并根据 SPSS 21.0 软件的特征值大于 1 的提取原则,则可提取前三个因子(即有机碳含量、有机质成熟度、孔隙率)作为公共因子。从表 6.14 中也可知前三个因子的贡献率分别为 41.542%、22.283%、19.538%,累计贡献率为 83.363%。也就是说前三个因子综合了全部 6 个因子中 83.363% 的内容,较全面地包含了很大部分的因素,能充分地反应了参数选取的基本信息,所以选取这三个公因子的模型是可行的。

　　由图 6.24 因子碎石图分析可知,各个因子间的连线在第四个因子以后,坡度比较平缓,且特征值均小于 1,而前三个比较陡峭,特征值为 1.1～3,同时表明了取三个作为公共因子是妥当的。

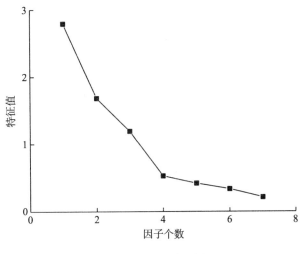

图 6.24　因子碎石图

　　为了反映 7 个影响因素之间的联系,根据软件默认的因子旋转方法——最大方差法,对计算的结果进行旋转。旋转后,使前三个因子具有更高的载荷,从而更好地对主因子进行解释,旋转后的因子载荷矩阵见表 6.15。

表 6.15　旋转成分载荷矩阵

影响指标	成分		
	第一因子	第二因子	第三因子
TOC (X_1)	-0.194	0.868	0.133
R_o (X_2)	0.423	0.663	-0.072
孔隙度 (X_3)	0.401	0.098	0.681
渗透率 (X_4)	-0.091	-0.018	0.876
含气量 (X_5)	0.611	0.437	-0.078
脆性矿物含量 (X_6)	-0.958	0.014	-0.129
黏土矿物含量 (X_7)	0.957	-0.017	0.137

由表 6.15 可知，含气量(X_5)和黏土矿物含量(X_7)在第一因子下载荷很高，分别为 0.611 和 0.957，而有机碳含量，即脆性矿物含量(X_6)载荷较高为-0.958，但根据 SPSS 21.0 软件的原理，要使因子分析有意义，取值为-1～+1，越接近 1 就越有意义，负值无意义，则黏土矿物含量(X_7)在第一因子下无意义。由于丰富的黏土矿物含量为页岩气的储层及吸附提供了大量的储集空间，十分有利于页岩气的储层，增加了页岩气的含气量，则可将第一因子解释为吸附因子；有机碳含量(X_1)和有机质热成熟度(X_2)在第二因子下的载荷很高，分别为 0.868、0.663，有机碳含量(TOC)是页岩气生烃的基础，决定着页岩气的生烃能力，而有机质成熟度对生成页岩气也起着控制的作用，可对应解释为生烃因子；孔隙度(X_3)和渗透率(X_4)在第三因子下载荷较高，分别为 0.681、0.876，较高的孔渗特征能保证较多的页岩气储存在页岩气孔隙中，对页岩气的储集十分有利，可对应解释为储集因子。

表 6.16　主成分得分系数

影响指标	成分		
	第一因子	第二因子	第三因子
TOC(X_1)	-0.190	0.670	0.112
R_o(X_2)	0.110	0.451	-0.113
孔隙度(X_3)	0.085	0.017	0.502
渗透率(X_4)	-0.127	-0.019	0.711
含气量(X_5)	0.214	0.261	-0.133
脆性矿物含量(X_6)	-0.387	0.118	-0.004
黏土矿物含量(X_7)	0.386	-0.121	0.011

通过表 6.16 的得分系数，并结合式(6-7)，计算各个主成分得分的表达式如下：

$$F_1=-0.190X_1+0.110X_2+0.085X_3-0.127X_4+0.214X_5-0.387X_6+0.386X_7$$
$$F_2=0.670X_1+0.451X_2+01017X_3-0.019X_4+0.261X_5-0.121X_6-0.121X_7$$
$$F_3=0.112X_1-0.113X_2+0.502X_3+0.711X_4-0.133X_5-0.004X_6+0.011X_7$$

2. 有利勘探区的选取

由 SPSS 21.0 软件自动生成的各因子得分情况，再由主因子在总方差中的贡献率的权重，利用计算式(6-8)，计算出各个井口或剖面的综合得分绝对值值并加以排名，得出有利的页岩气勘探区，得分越高，该地区越有利于页岩气勘探开发，按其综合得分绝对值，将 $0 \leqslant |F| < 0.4$ 视为一般目标区，$0.4 \leqslant |F| < 0.8$ 视为较优目标区，$|F| \geqslant 0.8$ 视为最优目标区。而各井口或剖面的综合得分绝对值见表 6.17。

$$|F|=|a_1/(a_1+a_2+a_3) \cdot F_1+a_2/(a_1+a_2+a_3) \cdot F_2+a_3/(a_1+a_2+a_3) \cdot F_3| \quad (6-8)$$

式中，F_1——第一因子分值；

　　　　F_2——第二因子分值；

　　　　F_3——第三因子分值；

　　　　a_1——取值为 41.54%；

a_2——取值为 22.28%;

a_3——取值为 19.54%。

由表 6.17 综合得分绝对值及分布图 6.25 可知,牛蹄塘组研究区域中,如松桃盘石、遵义松林及德江地区等剖面的综合绝对平均值较高,属最优或是较优目标区。其导致的原因可能是,剖面页岩样品长期受到风化作用,风化程度较高,对岩性有了一定的影响;而如 FC-1 井、ZY-1 井、SY-1 井等页岩井的综合得分绝对值相对较低,属一般目标区,其中 FC-1 井的吸附因子得分较低,为负值,在吸附因子方面没有较大的优势;ZY-1 井和 SY-1 井在生烃及储集方面较差;ZY-1 井、MY-1 井、RY-1 井等页岩井的综合得分绝对值属中等水平,为较优目标区,整体上在吸附因子方面较差,在生烃因子及储集因子中存在较大的优势。

表 6.17　各井口或剖面综合得分绝对值

地层	井口或剖面	分值 F_1	分值 F_2	分值 F_3	综合得分 $|F|$	评判
牛蹄塘组($\text{\Euro}_1\text{n}$)	FC-1 井	-1.28	1.18	0.77	0.142	一般
	FY-2 井	-0.97	0.16	0.08	0.422	较优
	ZY-1 井	-1.50	0.49	-0.67	0.774	较优
	MY-1 井	-0.81	-0.52	0.14	0.510	较优
	SY-1 井	-1.02	-0.33	-0.54	0.723	较优
	RY-1 井	1.46	0.56	-1.24	0.587	较优
	RY-2 井	1.37	0.18	-1.16	0.459	较优
	CY-1 井	0.44	2.31	0.01	0.839	最优
	ZY-1 井	0.01	0.48	-0.93	0.084	一般
	SY-1 井	0.62	-1.45	-0.88	0.285	一般
	DY-1 井	-1.19	0.06	-1.19	0.856	较优
	松桃盘石	0.40	0.61	2.87	1.035	最优
	遵义松林	1.71	0.22	0.36	0.995	最优
	德江地区	0.92	0.20	0.49	0.627	较优
	绥阳地区	0.34	-1.95	0.58	0.215	一般
龙马溪组(S_1l)	DY-1 井	-0.66	-0.98	0.61	0.448	较优
	XY-1 井	0.21	-1.31	0.60	0.105	一般
	习水鱼溪	-0.05	0.11	0.11	0.030	一般

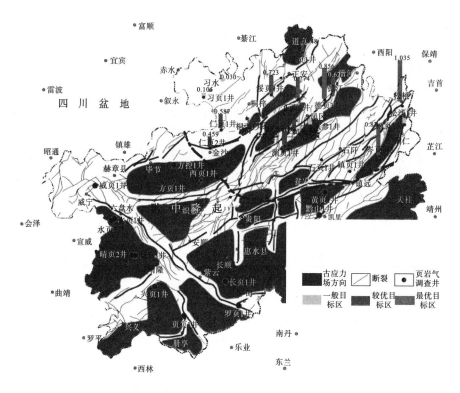

图 6.25 黔北地区页岩井或剖面综合得分绝对值分布图

对于下志留系龙马溪组中，DY-1 井的综合得分绝对值较为适中，属较优目标区，在吸附因子和生烃因子两个方面的得分值较低，但在储集因子方面存在较大的优势；XY-1井属一般目标区，在吸附因子和储集因子方面存在较好的条件，而在生烃因子方面较差；习水鱼溪也属一般目标区，在吸附、生烃及储集方面均没有太大的优势。

利用降维的思想，对黔北地区富有机质页岩进行页岩气有利勘查区进行评价，得出黔北地区三种不同的勘查目标区，最优目标区数量较少，大多都是较优目标区，还含有少量的一般目标区。表明，黔北地区页岩气适合商业性开发的页岩井较少，要实现商业化勘探开发，需作进一步的探索研究。

参 考 文 献

[1] 李景明, 刘飞, 王红岩, 等. 煤储集层解吸特征及其影响因素[J]. 石油勘探与开发, 2008, 35(1): 52-58.

[2] 焦龙进. 柴达木盆地北缘西大滩地区侏罗系页岩气储层研究[D]. 西安: 长安大学, 2013.

[3] 朱晓军, 蔡进功. 泥质烃源岩的比表面与有机质关系研究进展及意义[J]. 石油与天然气地质, 2012, 33(3): 375-384.

[4] 马勇, 钟宁宁, 黄小艳, 等. 聚集离子束扫描电镜(FIB-SEM)在页岩纳米级孔隙结构研究中的应用[J]. 电子显微学报, 2014, 33(6): 251-256.

[5] 李希建, 沈仲辉, 刘钰, 等. 黔西北构造煤与原生结构煤孔隙结构对吸解特性影响实验研究[J]. 采矿与安全工程学报, 2017, 34(1): 170-176.

[6] 黄第藩, 华阿新, 王铁冠, 等. 煤成油地球化学新进展[M]. 北京: 石油工业出版社, 1992.

[7] Tissot B P, Welte D H. Petroleum Formation and Occurrence[M]. New York: Springer Verlag, 1978.

[8] 周泽. 贵州凤冈二区块下寒武统牛蹄塘组页岩气成藏特征研究[D]. 徐州: 中国矿业大学, 2015.

[9] 卢双舫, 薛海涛, 钟宁宁. 地史过程中烃源岩有机质丰度和生烃潜力变化的模拟计算[J]. 地质论评, 2003, 49(3): 292-297.

[10] 刘圣鑫, 钟建华, 马寅生, 等. 柴东石炭系页岩微观孔隙结构与页岩气等温吸附研究[J]. 中国石油大学学报(自然科学版), 2015, 39(1): 33-42.

[11] 李娟, 于炳松, 郭峰. 黔北地区下寒武统底部黑色页岩沉积环境条件与源区构造背景分析[J]. 沉积学报, 2013, 31(1): 20-31.

[12] 魏祥峰, 刘若冰, 张廷山, 等. 页岩气储层微观孔隙结构特征及发育控制因素——以川南—黔北XX地区龙马溪组为例[J]. 天然气地球科学, 2013, 24(5): 1048-1059.

[13] 李希建, 沈仲辉, 李维维, 等. 黔北凤冈地区牛蹄塘组页岩气勘探与开发潜力[J]. 天然气工业, 2016, 36(12): 72-79.

[14] 王钟堂. 黔西煤田构造及其演化[J]. 中国煤田地质, 1990, 37(3): 60-67.

[15] 沈仲辉, 李希建. 贵州凤冈地区页岩特征及含气性[J]. 煤炭技术, 2017, 36(3): 131-133.

[16] 刘全有, 刘文汇, Krooss B M, 等. 天然气中氮的地球化学研究进展[J]. 天然气地球科学, 2006, 17(1): 119-124.

[17] 杨瑞东, 朱立军, 高慧, 等. 贵州遵义松林寒武系底部热液喷口及与喷口相关生物群特征[J]. 地质论评, 2005, 51(5): 481-492.

[18] 付景龙, 丁文龙, 曾维特, 等. 黔西北地区构造对下寒武统页岩气藏保存的影响[J]. 西南石油大学学报(自然科学版), 2016, 38(5): 22-32.

[19] 吴根耀. 中国中一东部的燕山运动和两种燕山造山带[J]. 地质学报, 2005, 79(4): 89-92.

[20] Gao S, Luo T C, Zhang B R, et al. Chemical composition of the continental crust as revealed by studies in East China[J]. Geochimica Cosmochimica Acta, 1998, 62(3): 1959-1975.

[21] 李娟, 于炳松, 郭峰. 黔北地区下寒武统底部黑色页岩沉积环境条件与源区构造背景分析[J]. 沉积学报, 2013, 31(1): 20-31.

[22] Toth J R. Deposition of submarine crusts rich in manganese and iron[J]. Geological Society of American Bulletin, 1980, 91: 44-54.

[23] 侯东壮. 黔东地区黑色岩地球化学特征及沉积环境研究[D]. 长沙: 中南大学, 2011.

[24] 王玉芳, 冷济高, 李鹏, 等. 黔东北地区下寒武统牛蹄塘组页岩气特征及主控因素分析[J]. 古地理学报, 2016, 18(4): 605-614.

[25] 吴家全. 多组分气体混合物在多孔固体上吸附平衡研究[D]. 天津: 天津大学, 2006.

[26] 尹恭正. 贵州寒武纪地层的划分和对比[J]. 贵州地质, 1996, 13(2): 115-128.

[27] 戴传固, 胡明扬, 陈建书, 等. 贵州重要地质事件及其地质意义[J]. 贵州地质, 2015, 32(1): 1-10.

[28] 上官禾林. 基于压汞法的油页岩孔隙特征的研究[D]. 太原: 太原理工大学, 2014.

[29] 郭为, 熊伟, 高树生, 等. 页岩气等温吸附/解吸特征[J]. 中南大学学报(自然科学版), 2013, 44(7): 2836-2840.

[30] 沈钟, 赵振国, 康万利. 胶体与表面化学(第四版)[M]. 北京: 化学工业出版社, 2012.

[31] Xiong W, Zuo L, Taoluo L, et al. Methane adsorption on shale under high temperature and high pressure of reservoir condition. Experiments and supercritical adsorption modeling[J]. Adsorption Science & Technology, 2016, 34(2-3): 193-211.

[32] 马砺, 李珍宝, 邓军, 等. 常压下煤对 N_2/CO_2/CH_4 单组分气体吸附特性研究[J]. 安全与环境学报, 2015, 15(2): 64-67.

[33] 周动, 冯增朝, 赵东, 等. 煤表面非均匀势阱吸附甲烷特性数值模拟[J]. 煤炭学报, 2016, 41(8): 1968-1975.

[34] 鲍云杰, 周永炳. 页岩-气体吸附特性曲线应用研究[J]. 石油实验地质, 2015, 37(5): 660-664.

[35] 王庆, 宁正福, 张睿, 等. 基于吸附势理论的页岩气藏吸附平衡预测[J]. 新疆石油地质, 2015, 36(3): 308-312.

[36] 陈绍杰, 陈学习, 柏松, 等. 基于吸附势理论的煤-甲烷吸附等温线预测[J]. 华北科技学院学报, 2009, 6(2): 30-32.

[37] 姜伟, 吴财芳, 姜玮, 等. 吸附势理论在煤层气吸附解吸研究中的应用[J]. 煤炭科学技术, 2011, 39(5): 102-104.

[38] 马东民, 李方晴, 刘厚宁, 等. 不同水分煤样吸附甲烷的极限吸附量预测[J]. 煤炭技术, 2014, 33(10): 248-250.

[39] 李元星, 吴世跃, 李长龙, 等. 基于分子间作用力的不同吸附模型适用性研究[J]. 地下空间与工程学报, 2014, 10(5): 1121-1126.

[40] 傅雪海, 秦勇, 张万红, 等. 基于煤层气运移的煤孔隙分形分类及自然分类研究[J]. 科学通报, 2005, 50(sI): 51-55.

[41] 侯宇光, 何生, 易积正, 等. 页岩孔隙结构对甲烷吸附能力的影响[J]. 石油勘探与开发, 2014, 41(2): 248-256.

[42] 刘圣鑫, 钟建华, 马寅生, 等. 页岩中气体的超临界等温吸附研究[J]. 煤田地质与勘探, 2015, 43(3): 45-50.

[43] 仲佳爱, 陈国俊, 吕成福, 等. 陆相页岩热演化与甲烷吸附性实验研究[J]. 天然气地球科学, 2015, 26(7): 1414-1421.

[44] 于洪观. 煤对 CH_4、CO_2、N_2 及其二元混合气体吸附特性、预测 CO_2 驱替 CH_4 的研究[D]. 青岛: 山东科技大学, 2005.

[45] 刘树根, 王世玉, 孙玮, 等. 四川盆地及其周缘五峰组—龙马溪组黑色页岩特征[J]. 成都理工大学学报(自然科学版), 2013, 40(6): 621-639.

[46] 李武广, 杨胜来, 陈峰, 等. 温度对页岩吸附解吸的敏感性研究[J]. 矿物岩石, 2012, 32(2): 115-120.

[47] 武景淑, 于炳松, 张金川, 等. 渝东南渝页 1 井下志留统龙马溪组页岩孔隙特征及其主控因素[J]. 地学前缘, 2013, 20(3): 260-269.

[48] 马玉龙, 张栋梁. 页岩储层吸附机理及其影响因素研究现状[J]. 地下水, 2014, 30(6): 246-249.

[49] 聂海宽, 张金川, 马晓彬, 等. 页岩等温吸附气含量负吸附现象初探[J]. 地学前缘, 2013, 20(11): 283-288.

[50] 熊伟, 郭为, 刘洪林, 等. 页岩的储层特征以及等温吸附特征[J]. 天然气工业, 2012, 32(1): 113-116, 130.

[51] 陈康, 张金川, 唐玄, 等. 湘鄂西地区下志留统龙马溪组页岩吸附能力主控因素[J]. 石油与天然气地质, 2016, 37(1): 23-29.

[52] 林玉祥, 栾伟娜, 韩继雷, 等. 沁水盆地砂岩岩游离气成藏主控因素分析[J]. 天然气地球科学, 2015, 26(10): 1873-1882.

[53] 姜振学, 唐相路, 李卓, 等. 川东南地区龙马溪组页岩孔隙结构全孔径表征及其对含气性的控制[J]. 地学前缘, 2016, 23(2): 126-134.

[54] 刘圣鑫, 钟建华, 马寅生, 等. 柴东石炭系页岩微观孔隙结构与页岩气等温吸附研究[J]. 中国石油大学学报(自然科学版),

2015, 39(1): 33-42.

[55] 陈金龙, 黄志龙, 高潇玉, 等. 页岩含气量定量计算方法探讨——以吐哈盆地温吉桑地区中下侏罗统为例[J]. 天然气地球科学, 2016, 27(4): 727-738.

[56] 张先伟, 孔令伟. 利用扫描电镜、压汞法、氮气吸附法评价近海黏土孔隙特征[J]. 岩土力学, 2013, 34(S2): 134-142.

[57] 张超谟, 陈振标, 张占松, 等. 基于核磁共振 T_2 谱分布的储层岩石孔隙分形结构研究[J]. 石油天然气学报, 2007, 29(4): 80-86.

[58] 刘堂宴, 马在田, 傅容珊. 核磁共振谱的岩石孔喉结构分析[J]. 地球物理学进展, 2003, 18(4): 737-742.

[59] 蔡承政, 李根生, 黄中伟, 等. 液氮冻结条件下岩石孔隙结构损伤试验研究[J]. 岩土力学, 2014, 35(4): 965-971.

[60] 龚宇. 广西页岩气资源分布规律研究[D]. 武汉: 长江大学. 2013.

[61] 端祥刚, 胡志明, 高树生, 等. 页岩高压等温吸附曲线及气井生产动态特征实验[J]. 石油勘探与开发, 2018, 45(1): 119-127.

[62] 梁承春, 王国壮, 解庆阁. 解水锁技术在超低渗油藏分段压裂水平井中的应用[J]. 断块油气田, 2014, 21(5): 652-655.

[63] 李凡, 罗跃, 丁康乐, 等. 氨基有机硅表面活性剂的合成及其 CO_2 驱油性能研究[J]. 日用化学工业, 2016, 46(1): 1-7.

[64] 贾帅. 低伤害阴离子粘弹性表面活性剂压裂液[D].西安: 西安石油大学, 2016.

[65] 杨永利. 低渗透油藏水锁伤害机理及解水锁实验研究[J]. 西南石油大学学报(自然科学版), 2013, 35(3): 137-141.

[66] 张烈辉, 唐洪明, 陈果, 等. 川南下志留统龙马溪组页岩吸附特征及控制因素[J]. 天然气工业, 2014, 34(12): 63-69.

[67] 安淑萍, 宋靖, 于鹏亮, 等. 不同温度条件下页岩储层吸附能力预测模型[J]. 西安科技大学学报, 2016, 36(2): 235-242.

[68] 王伟丽, 高海仁. 鄂尔多斯盆地中东部致密砂岩储层地质特征及控制因素[J]. 岩性油气藏, 2013, 25(6): 71-77.

[69] 何涛, 王芳, 汪伶俐. 致密砂岩储层微观孔隙结构特征——以鄂尔多斯盆地延长组长 7 储层为例[J]. 岩性油气藏, 2013, 25(4): 23-26.

[70] 徐豪飞, 马宏伟, 尹相荣, 等. 新疆油田超低渗透油藏注水开发储层损害研究[J]. 岩性油气藏, 2013, 25(2): 100-106, 118.

[71] 姚广聚, 彭红利, 雷炜, 等. 低渗透气藏低压低产气井解水锁技术研究及应用[J]. 油气地质与采收率, 2011, 18(5): 97-99, 118.

[72] 董文武, 屈红军, 魏新善, 等. 鄂尔多斯盆地东部上古生界储层水锁伤害情况及影响因素分析[J]. 长江大学学报(自然科学版), 2014, 11(31): 122-124.

[73] 杨华, 刘新社, 闫小雄, 等. 鄂尔多斯盆地神木气田的发现与天然气成藏地质特征[J]. 天然气工业, 2015, 35(6): 1-13.

[74] 胡友林, 乌效鸣. 煤层气气储层水锁损害机理及防水锁剂的研究[J]. 煤炭学报, 2014, 39(6): 1107-1111.

[75] 庞振宇, 孙卫, 雒婉莹, 等. 低渗透致密气藏水锁空间及伤害程度影响因素探析: 以苏里格气田苏48区块盒8段储层为例[J]. 地质科技情报, 2014, 33(3): 140-144.

[76] 曾伟, 陈舒, 向海洋. 异常低含水饱和度储层的水锁损害[J]. 天然气工业, 2010, 30(7): 42-44.

[77] 付美龙, 王荣茹. 新型防水锁处理剂的研制及室内性能评价[J]. 特种油气藏, 2012, 19(6): 112-116.

[78] 付美龙, 刘国霖, 王荣茹, 等. 新型防水锁处理剂的研制与应用[J]. 油气地质与采收率, 2012, 20(2): 55-57.

[79] 唐洪明, 徐诗雨, 王茜, 等. 克拉苏气田超致密砂岩气储层水锁损害[J]. 断块油气田, 2017, 24(4): 541-545.

[80] 程宇雄, 彭成勇, 周建良, 等. 临兴致密气藏压裂水锁伤害评价与措施优化[J]. 特种油气藏, 2017, 24(3): 135-139.

[81] 刘建坤, 郭和坤, 李海波, 等. 低渗透储层水锁伤害机理核磁共振实验研究[J]. 西安石油大学学报(自然科学版), 2010, 25(5): 46-49、53.

[82] 黄晓伟. 下扬子皖南地区下寒武统荷塘组页岩气地质特征及含气性分析[D]. 北京: 中国地质大学(北京), 2014.

[83] 贾承造, 郑民, 张永峰. 非常规油气地质学重要理论问题[J]. 石油学报, 2014, 35(1): 1-4.

[84] 易同生, 高弟. 贵州龙马溪组页岩气储层特征及其分布规律[J]. 煤田地质与勘探, 2015, 43(3): 22-27、32.

[85] 屈振亚. 页岩气生成过程及其碳氢同位素演化[D]. 北京: 中国科学院大学, 2015.

[86] 戴金星. 各类烷烃气的鉴别[J]. 中国科学 B 辑, 1992, 22(2): 185-193.

[87] 戴金星. 天然气碳氢同位素特征和各类天然气鉴别[J]. 天然气地球科学, 1993, 4(2、3): 1-40.

[88] 王鹏, 沈忠民, 刘四兵, 等. 川西坳陷天然气中非烃气地球化学特征及应用[J]. 天然气地球科学, 2014, 25(3): 394-401.

[89] 付孝悦, 孙庭金, 温景萍. 南盘江盆地含烃非烃气藏的发现及意义[J]. 天然气工业, 2005(5): 26-28.

[90] 陈尚斌, 朱炎铭, 王红岩, 等. 四川盆地南缘下志留统龙马溪组页岩气储层矿物成分特征及意义[J]. 石油学报, 2011, 32(5): 775-782.

[91] 吴庆红, 李晓波, 刘洪林, 等. 页岩气测井解释和岩芯测试技术——以四川盆地页岩气勘探开发为例[J]. 石油学报, 2011, 32(03): 484-488.

[92] Kotarba M J, Nagao K. Composition and origin of natural gases accumulated in the Polish and Ukrainian parts of the Carpathian region: gaseous hydrocarbons, noble gases, carbon dioxide and nitrogen[J]. Chemical Geology, 2008, 255(3/4): 426-438.

[93] 王沙. 贵州下寒武纪黑色页岩有机质组成及演化特征[D]. 贵州: 贵州大学, 2016.

[94] 张鹏, 张金川, 黄宇琪, 等. 黔西北仁页 2 井牛蹄塘组页岩特点及含气评价[J]. 特种油气藏, 2014, 21(6): 38-41.

[95] Boyer C, Kieschnick J, Suarez-Rivera R, et al. Producing gas from its source[J]. Oil Field Review, 2006: 18-31.

[96] 梁狄刚, 郭彤楼, 边立曾, 等. 中国南方海相生烃成藏研究的若干新进展(三)南方四套区域性海相烃源岩的沉积相及发育的控制因素[J]. 海相油气地质, 2009, 14(2): 1-19.

[97] Jarvie D M, Hill R J, Ruble T E, et al. Unconventional shale-gas systems: the Mississippian Barnett Shale of north-central Texas as one model for thermogenic shale-gas assessment[J]. AAPG Bulletin, 2007, 91(4): 475-499.

[98] 李新景, 吕宗刚, 董大忠, 等. 北美页岩气资源形成的地质条件[J]. 天然气工业, 2009, 29(5): 27-32.

[99] 聂海宽, 张金川, 张培先, 等. 福特沃斯盆地 Barnett 页岩气藏特征及启示[J]. 地质科技情报, 2009, 28(2): 87-93.

[100] 聂海宽, 唐玄, 边瑞康. 页岩气成藏控制因素及中国南方页岩气发育有利区预测[J]. 石油学报, 2009, 30(4): 484-491.

[101] 胡东风, 张汉荣, 倪楷, 等. 四川盆地东南缘海相页岩气保存条件及其主控因素[J]. 天然气工业, 2014, 34(6): 17-23.

[102] 赵文智, 邹才能, 宋岩, 等. 石油地质理论与方法进展[M]. 北京: 石油工业出版社, 2006.

[103] 肖昆, 邹长春, 黄兆辉, 等. 页岩气储层测井响应特征及识别方法研究[J]. 科技导报, 2012, 30(18): 73-79.

[104] 刘雪乐, 李延钧, 李卓沛, 等. 川中—川南过渡带上三叠统须家河组经源岩评价[J]. 西部探矿工程, 2010, 21(4): 58-61.

[105] 吴艳艳, 曹海虹, 丁安徐, 等. 页岩气储层孔隙特征差异及其对含气量影响[J]. 石油实验地质, 2015, 37(2): 231-236.

[106] 肖昆, 邹长春, 黄兆辉, 等. 页岩气储层测井响应特征及识别方法研究[J]. 科技导报, 2012, 30(18): 73-79.

[107] 夏威, 于炳松, 王运海, 等. 黔北牛蹄塘组和龙马溪组沉积环境及有机质富集机理——以 RY-1 井和 XY-1 井为例[J]. 矿物岩石, 2017, 37(3): 77-89.

[108] Bowker K A. Barnett Shale gas production, Fort Worth Basin: Issues and discussion[J]. AAPG Bulletin, 2007, 91: 523-533.

[109] 曾联波. 低渗透砂岩油气储层裂缝及其渗流特征[J]. 地质科学, 2004, 39(1): 11-17.

[110] 王超, 石万忠, 张晓明, 等. 页岩储层裂缝系统综合评价及其对页岩气渗流和聚集的影响[J]. 油气地质与采收率, 2017, 24(1): 50-56.

[111] 张金川, 汪宗余, 聂海宽, 等. 页岩气及其勘探研究意义[J]. 现代地质, 2008, 22(4): 640-646.

[112] 张雪芬, 陆现彩, 张林晔, 等. 页岩气的赋存形式研究及其石油地质意义[J]. 地球科学进展, 2010, 25(6): 597-602.

[113] 李希建, 李维维, 黄海帆, 等. 深部页岩高温高压吸附特性分析[J]. 特种油气藏, 2017, 24(3): 129-134.

[114] 杨峰, 宁正福, 胡昌蓬, 等. 页岩储层微观孔隙结构特征[J]. 石油学报, 2013, 34(2): 301-311.

[115] 常泰乐. 黔北龙马溪组页岩气成藏条件研究[D]. 贵州: 贵州大学, 2016.

[116] 马力, 陈焕疆, 甘克文, 等. 中国南方大地构造和海相油气地质[M]. 北京: 地质出版社, 2004.

[117] 梅廉夫, 戴少武, 沈传波, 等. 中、扬子区中、新生代陆内对冲带的形成及解体[J]. 地质科技情报, 2008, 24(4): 1-7.

[118] 杨绪充. 西西伯利亚台坪的三叠纪断裂系及其对地台型中新生代盖层的构造和含油气性的影响[J]. 国外油气勘探, 1984, (5): 3-7.

[119] 刘方槐. 盖层在气藏保存和破坏中的作用及其评价方法[J]. 天然气地球科学, 1991, 2(5): 220-227、232.

[120] 汤良杰, 金文正, 何春波, 等. 叠合盆地关键构造变革期与分期差异构造变形[J]. 新疆石油地质, 2009, 30(2): 163-167.

[121] 邢雅文. 黔西北地区页岩含气性评价[D]. 北京: 中国地质大学(北京), 2013.

[122] 郭曼, 李贤庆, 张明扬, 等. 黔北地区牛蹄塘组页岩气成藏条件及有利区评价[J]. 地质与勘探, 2015, 43(2): 37-43.

[123] 俞佳立, 钱芝网. 长江三角洲城市群经济发展水平分析——基于因子分析模型[J]. 技术与创新管理, 2017, 38(2): 150-154.